Gropengießer · Kattmann · Krüger

Biologiedidaktik in Übersichten

Harald Gropengießer
Ulrich Kattmann
Dirk Krüger

Biologie-didaktik
in Übersichten

in Zusammenarbeit mit
Karla Etschenberg, Ulrich Gebhard,
Karl-Heinz Gehlhaar, Ilka Gropengießer,
Ute Harms, Frank Horn, Jürgen Langlet,
Hans-Joachim Lehnert, Jürgen Mayer,
Susanne Meyfarth, Georg Pfligersdorffer
und *Ulrike Unterbruner*

FRIEDRICH Aulis

Bibliografische Information der Deutschen Nationalbibliothek
Die Deutsche Nationalbibliothek verzeichnet diese Publikation in der Deutschen Nationalbibliografie; detaillierte bibliografische Daten sind im Internet über http://dnb.d-nb.de abrufbar.

Impressum

Harald Gropengießer
Ulrich Kattmann
Dirk Krüger
Biologiedidaktik in Übersichten

5. Auflage

Friedrich Verlag GmbH
Luisenstr. 9
D-30159 Hannover

www.friedrich-verlag.de

Druck: Plump Druck & Medien GmbH, Rolandsecker Weg 33, 53619 Rheinbreitbach
Printed in Germany

ISBN: 978-3-7614-2783-5

Wer?
S. 50–65
Wozu?
S. 8–49
Was?
S. 66–73
Biologie-
didaktik
und
Biologie-
unterricht
Wo?
S. 114–117
Wie?
S. 74–91
Womit?
S. 92–113

Inhalt

Wer wird unterrichtet und wer unterrichtet?

Was soll Biologieunterricht erreichen?

Wie wird Biologie unterrichtet?

Womit wird Biologie unterrichtet?

Wo wird Biologie unterrichtet?

Hinweise

Vorwort

- Biologiedidaktik in Übersichten ist ein Kompendium, d.h. eine kurzgefasste Didaktik der Biologie.
- Biologiedidaktik in Übersichten präsentiert die wesentlichen Grundinformationen anschaulich und übersichtlich. Der Kern der wichtigen Aussagen ist „auf einen Blick" zu erfassen.
- Biologiedidaktik in Übersichten ist nach dem Prinzip der Doppelseiten aufgebaut. Auf der linken Textseite werden grundlegende Informationen geboten; auf der rechten Seite stehen die Grafiken, die Wesentliches veranschaulichen.
- Biologiedidaktik in Übersichten ist das Ergebnis langjähriger Tätigkeit der Autoren an Schulen und Universitäten. Die Texte wurden zum großen Teil auf der Basis des Lehrbuchs „Fachdidaktik Biologie" (Aulis, 8. Auflage, 2008) formuliert. Die Autoren danken den Bearbeitern der Fachdidaktik, dass sie jeweils die Teile der „Biologiedidaktik in Übersichten" kritisch durchgesehen haben, die thematisch den Kapiteln entsprechen, die von ihnen im Lehrbuch bearbeitetet wurden. Ihre Namen sind im Innentitel aufgeführt. Für den Inhalt dieses Buchs sind jedoch die drei Autoren allein verantwortlich.
- Biologiedidaktik in Übersichten ersetzt nicht das Studium der einschlägigen Literatur. Das Kompendium eignet sich besonders gut für einen ersten Überblick über einzelne Themen der Biologiedidaktik sowie für das einprägende und wiederholende Lernen zu einem Examen.

Die Autoren danken dem Aulis-Verlag für die Gelegenheit, die Biologiedidaktik kurz und anschaulich darzustellen und hoffen, dass das Buch Examenskandidaten in der 1. und 2. Phase sowie Lehrkräften und Lehrerbildnern helfen wird – beim Erwerb biologiedidaktischer Erkenntnisse und bei ihrer Umsetzung in die Praxis.

Harald Gropengießer, Ulrich Kattmann, Dirk Krüger

Aufgaben der Biologiedidaktik

Biologiedidaktik ist die mit Lernen und Lehren von Biologie befasste Vermittlungswissenschaft. Vermittlung bedeutet das Nahebringen der Biologie zu den Lernenden sowie das In-Beziehung-Bringen des Fachwissens zu den Lernenden, zu deren Lebenswelt.

Brückenfunktion

Die mit der Vermittlung gegebene Aufgabe bedingt auch eine Brückenfunktion der Fachdidaktik Biologie zwischen dem Bezugsfach Biologie einerseits und den Erziehungswissenschaften (Pädagogik) andererseits. Biologiedidaktiker bauen und begehen die Brücke des gegenseitigen Verstehens und verbinden so die Lebenswelt der Lernenden mit dem relevanten Fachwissen der Biologen.

Teil und Gegenüber der Biologie

Die Funktionen der Biologiedidaktik als Vermittlungswissenschaft gehen in einem entscheidenden Punkt über eine bloße Brückenfunktion hinaus: Bei der Vermittlung von Biologie ist Biologiedidaktik Teil der Fachwissenschaft Biologie und zugleich ihr kritisches Gegenüber. Grundsätzlich sieht sie die gesamte Biologie in der ihr eigenen Perspektive – in Vermittlungsabsicht. Dieses Gegenüber zur Biologie hat sie mit der Erkenntnis- und Wissenschaftstheorie sowie der Geschichte der Biologie gemeinsam. Diese so genannten Metadisziplinen betreiben nicht Biologie, sondern beschäftigen sich mit ihr: Sie machen Aussagen über Biologie.

Theorie und Empirie

In den letzten Jahrzehnten hat sich die Biologiedidaktik zu einer empirisch arbeitenden Disziplin entwickelt. Theorie und Empirie sind jedoch keine Gegensätze, sondern bedingen einander. Die Arbeit an theoretisch fundierten Konzeptionen bleibt auch für empirische Arbeiten grundlegend. Denn die Vermittlung von Biologie ist immer an Bildungsziele gebunden und enthält damit zwingend auch normative Teile, also Entscheidungen über Unterrichtsziele, Auswahl der Inhalte etc., die konzeptionell begründet oder gerechtfertigt werden müssen.

Stellung innerhalb der Wissenschaften

Außer zur Erziehungswissenschaft und Biologie steht die Biologiedidaktik zu weiteren Wissenschaften in enger Wechselbeziehung, indem sie sowohl Informationen von diesen bezieht als auch eigene Aspekte zu deren Aussagen beitragen kann. Dazu gehören vor allem die genannten Metawissenschaften der Biologie und die anderen Fachdidaktiken.

Praxisfelder

Biologieunterricht auf allen Schulstufen ist zwar das wohl wichtigste, aber nicht das alleinige Praxisfeld der Biologiedidaktik. Auch durch gestufte Studiengänge treten zunehmend außerschulische und informelle Lernorte hinzu und fordern spezifische Konzeptionen und Umsetzungen biologiedidaktischer Erkenntnisse. Eine besondere Aufgabe hat die Biologiedidaktik in der Lehrerbildung. Sie sollte jedoch auch Aufgaben in der Ausbildung von Biologen mit anderen Berufszielen wahrnehmen, da dort ebenfalls Vermittlungsaufgaben zunehmend wichtig und entsprechende Qualifikationen gefordert werden.

Brückenfunktion der Biologiedidaktik

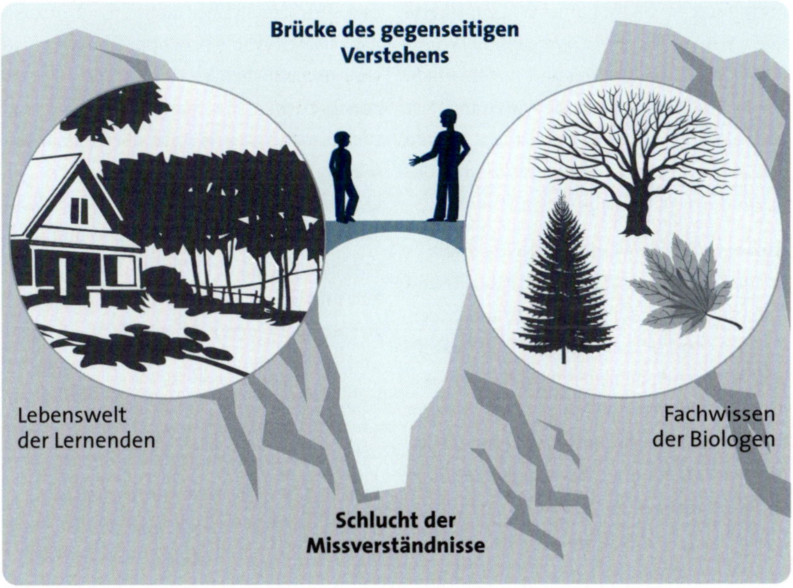

Beziehungen der Biologiedidaktik zu anderen Wissenschaftsbereichen

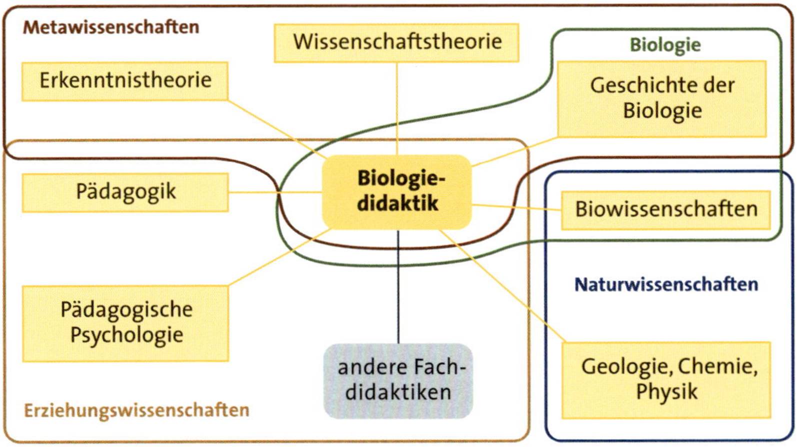

Biologiedidaktische Forschung

Forschung ist die methodisch kontrollierte und systematische Suche nach neuen Erkenntnissen, die dokumentiert und veröffentlicht werden. Biologiedidaktische Forschung stellt neues Wissen über das Lehren und Lernen von Biologie bereit. Biologiedidaktische Lehre dient der Weitergabe dieses Wissens.

Fachdidaktische Modelle und Theorien

In der Biologiedidaktik werden Modelle und Theorien entwickelt, überprüft und erweitert. Mit den Theorien werden Gesetzmäßigkeiten zwischen denjenigen Faktoren erfasst, die beim Lehren und Lernen von Biologie in Beziehung stehen. Sie generieren damit Hintergrundwissen über das Lernen, die Entwicklung von fachbezogenen Vorstellungen, Interessen oder Einstellungen. Sie charakterisieren lernrelevante Faktoren (Was gibt es?) und konstruieren Erklärungsmuster (Warum ist das so?), mit denen Ursachen und Wirkungen beschrieben werden.

Evaluationsforschung versucht, die theoretischen Kenntnisse in der Praxis umzusetzen. Gewünscht werden üblicherweise Hilfen in konkreten Unterrichtssituationen. Um wissenschaftlich sichere Informationen über die Qualität von Lernumgebungen zu erhalten (z.B. bezüglich der Quantität und Stabilität des Gelernten), werden verschiedene empirische Methoden zur Bewertung eines Konzeptes, des Untersuchungsplans, der Implementierung und der Wirksamkeit des Lernangebotes systematisch angewendet.

Empirische Verfahren: Biologiedidaktiker wenden empirische Methoden der Pädagogik, Psychologie und Sozialwissenschaften an. Bei empirischen Verfahren werden unmittelbar durch Wahrnehmung (Beobachtung) Daten erhoben. Beobachtung wird zur wissenschaftlichen Methode, wenn sie exakt, zweckgerichtet, theoriegeleitet und systematisch planend vorgeht sowie überprüfbar aufzeichnet.

Qualitative biologiedidaktische Forschung untersucht komplexe Lernprozesse und Lernvoraussetzungen, um diese besser zu verstehen und weiterer Untersuchung zugänglich zu machen. Dazu werden einzelne Aspekte und Zusammenhänge – oft aus Aussagen weniger befragter Personen – geordnet und zusammengefasst. Daraus werden dann Faktoren rekonstruiert, die das Lernen biologischer Sachverhalte beeinflussen.

Quantitative Forschung begegnet der Komplexität durch Isolation von wesentlichen Teilen, die als einzelne Variablen untersucht werden. Häufig wird in repräsentativen Stichproben mit Fragebögen und statistischen Verfahren nach Zählbegriffen und deren korrelativen Zusammenhängen gesucht. Diese werden dann in kausale Erklärungen überführt. Quantitave Untersuchungen setzen die Messbarkeit der in Hypothesen genannten Faktoren voraus. Reproduzierbarkeit und Generalisierbarkeit der Ergebnisse sind Voraussetzungen, um Aussagen aus den Untersuchungen ableiten zu können.

Sowohl qualitative als auch quantitative Forschung haben ihre Berechtigung – entscheidend ist allein die Angemessenheit in Bezug auf die Fragestellung. Gute biologiedidaktische Forschung ist theorie-, problem- bzw. hypothesengeleitet, methodisch kontrolliert und empirisch.

Bereiche empirischer biologiedidaktischer Forschung

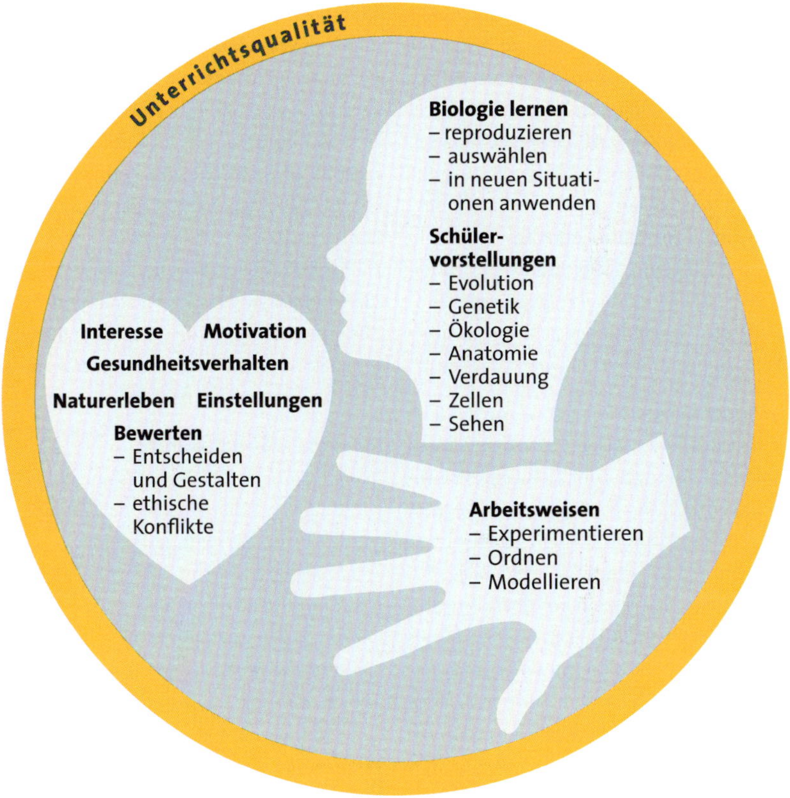

Didaktische Rekonstruktion

Das Modell der Didaktischen Rekonstruktion entstand als theoriegeleiteter Entwicklungs- und Untersuchungsplan für die fachdidaktische Lehr-Lernforschung. Aufgrund der praktischen Ausrichtung eignet es sich ebenso für Unterrichtsplanung und Reflexion. ***Drei Aufgaben*** sind in enger Wechselwirkung zu erfüllen: fachliche Klärung, Erhebung von Lernerperspektiven und didaktische Strukturierung. Auch im Unterricht sollten bei Planung, Durchführung und Reflexion vor allem die im Folgenden genannten Fragen wiederholt gestellt und neu beantwortet werden (rekursives Vorgehen).

Fachliche Klärung

In der fachlichen Klärung werden wissenschaftliche Aussagen zum Thema in Vermittlungsabsicht kritisch analysiert und gegebenenfalls neu formuliert. Die Vorgaben in einem Lehr- oder Schulbuch werden also für den Unterricht nicht einfach übernommen. Die wissenschaftlichen Konzepte werden als persönliche Konstrukte der jeweiligen Wissenschaftler aufgefasst, die mit einer Wissenschaftlergemeinschaft geteilt werden. Sie sind auf ihre Tragfähigkeit und Grenzen hin zu prüfen: Welche Gültigkeit können sie beanspruchen? Welche Missverständnisse können sie hervorrufen? In welchem Verwertungszusammenhang stehen sie? Wie sind sie historisch gebildet worden?

Erhebung von Lernerperspektiven

Die Aufgabe besteht darin, die Sicht der Lernenden bezogen auf den ausgewählten Gegenstandsbereich zu erfassen. Die Vorstellungen der Lernenden haben aufgrund lebensweltlicher Erfahrungen einen Eigenwert. Da jede Person nur mit den ihr verfügbaren Vorstellungen lernt, sind diese unabdingbare Voraussetzungen und Mittel zum Lernen. Lehrende müssen sie daher kennen, gegebenenfalls im Unterricht selbst erheben und beim Lehren und Lernen besonders beachten. Lernerperspektiven umfassen nicht nur die kognitive, sondern auch affektive und psychomotorische Dimensionen: In welchem lebensweltlichen Zusammenhang werden die Vorstellungen gebildet? Welche Hindernisse bzw. Chancen zum Lernen sind zu beachten?

Didaktische Strukturierung

In der Planung des Unterrichts und der Entwicklung von Materialien für den Unterricht werden beide Vorstellungsbereiche aufeinander bezogen. Die hier anstehenden Entscheidungen sind nicht rein logisch ableitbar. Die didaktische Strukturierung ist vielmehr ein kreativer Prozess. Die Lerngegenstände werden durch die Rekonstruktion dabei nicht einfacher, sondern komplexer und reicher: Wie können die fachlich geklärten Vorstellungen den Lernenden so nahe gebracht werden, dass sie diese auf ihre lebensweltlichen Vorstellungen beziehen und ihre Bedeutung erkennen können? Wie können die von lebensweltlichen Kontexten losgelösten wissenschaftlichen Konzepte wieder in individuale, soziale und umweltliche Zusammenhänge eingebettet werden?

Modell der Didaktischen Rekonstruktion

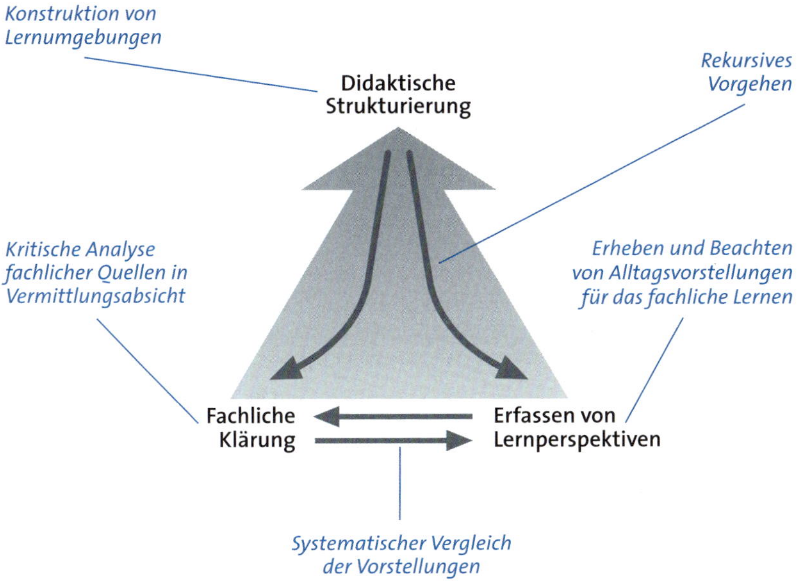

Schwerpunkte im Modell der Didaktischen Rekonstruktion

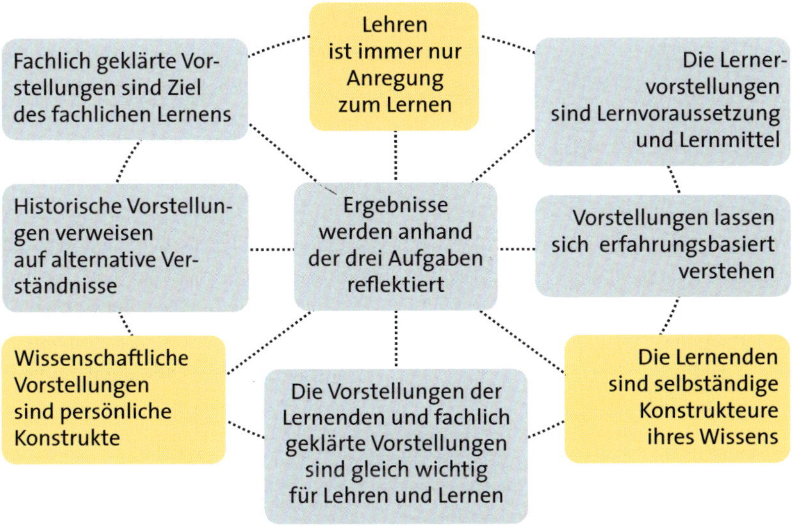

Geschichte des Biologieunterrichts

Die Geschichte des Biologieunterrichts in Deutschland zeigt, welche Konzeptionen und Bildungsinhalte erfolgreich oder folgenreich angewendet wurden. Zugleich wird an der Geschichte deutlich, welche Lehren aus ihr für die Gegenwart zu ziehen sind. Die Entwicklung lässt sich vor allem anhand zweier Stränge verfolgen, nämlich der Orientierung an den jeweiligen Anforderungen der Lebenswelt sowie den jeweils herrschenden leitenden Vorstellungen (Paradigmen) der Wissenschaft Biologie.

Biologie als Lebenskunde

Der Unterricht der Schulen war ursprünglich fast ausschließlich sprachlich orientiert. Naturkundliche Teile wurden anfänglich vor allem mit dem Ziel eingeführt, nützliches Wissen für das tägliche Leben und die Landwirtschaft zu vermitteln, um die Folgen der großen Kriege (Dreißigjähriger Krieg 1618–1648, Siebenjähriger Krieg 1749–1756, 1. Weltkrieg 1914–1918) zu mildern bzw. die Versorgung während des 2. Weltkriegs (1939–1945) sicherzustellen. Die ideelle Ergänzung zum nützlichen Wissen stellt die sinnige Naturbetrachtung dar, die Seele und Gemüt nähren soll. Beide Richtungen wurden im Nationalsozialismus im Sinne der Gemeinschaftsideologie ausgenutzt und z. T. antirational ausgedeutet (Unterordnung unter Naturgesetze: „ganzheitliche Naturbetrachtung“). Die Tradition der emotionalen Orientierung lebt in der Pädagogik des Naturerlebens mit veränderter Zielsetzung fort.

Wissenschaftsorientierung

In Deutschland war der Unterricht anfänglich strikt am System der Tiere und Pflanzen von *Carl von Linné* (1707–1778) ausgerichtet. Dies hatte zur Folge, dass zunächst Morphologie (Kopf-Schwanz-Methode) und das Bestimmen vorherrschte. *Otto Schmeil* (1860–1942) versuchte den Unterricht durch Experimente und Orientierung an Lebensweisen sowie der Verknüpfung von Bau und Funktion zu modernisieren. Er behielt aber die Anordnung des Stoffs nach den Gruppen des Systems bei, was noch bis in die 1970er Jahre von den Lehrplänen des Gymnasiums vorgeschrieben wurde. Erst mit der Curriculumreform der 1970er Jahre rückte – aufgrund des Fortschritts in der Wissenschaft – die Allgemeine Biologie (neben Humanbiologie) in den Mittelpunkt. Als Vorläufer dieser Entwicklung kann *Friedrich Junge* (1832–1905) gelten, der neben den Lebensgemeinschaften allgemeine Gesetzmäßigkeiten herausstellte.

Entwicklung der Methoden

Der Orbis pictus von *Comenius* (1592–1670) war als Lateinbuch zugleich das erste Sach-Schulbuch. Wenn auch noch nicht immer völlig verwirklicht, so hat sich der Biologieunterricht doch vom Lesebuch-Unterricht zum experimentell-beobachtenden Unterricht entwickelt. Das Fach Biologie ist heute mit den zahlreichen fachgemäßen Arbeitsweisen vom Mikroskopieren über Freilandarbeit bis zur Textanalyse das methodisch vielfältigste Schulfach überhaupt.

Biologieunterricht in Deutschland

(1652) Orbis pictus: Lateinbuch als Sachbuch

(1832) Pflanzen und Tiere im Unterricht Bestimmungsübungen

Orientierung an der Wissenschaft

Unterricht über Realien

Johann Amos Comenius
(1592 – 1670)
Vater der europäischen Didaktik

Beschreibend-morphologische Betrachtungsweise
Bau der Lebewesen
Linnésche Systematik
August Lüben
(1804–1874)

1850

Nützliches Wissen
Landwirtschaftliche Produktion
Eberhard von Rochow
(1734–1805)

Sinnige Betrachtungsweise
Gemütsbildung
Popularisierung
Lesebuchtexte
Emil A. Roßmäßler (1806–1867)
Alfred E. Brehm
(1829–1884)

Orientierung an der Lebenswelt

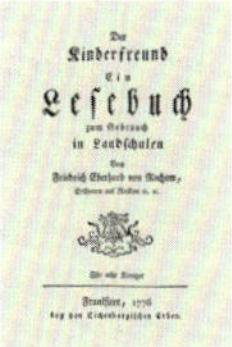
Der
Kinderfreund
Ein
Lesebuch
zum Gebrauch
in Landschulen
Frankfurt, 1776

Kampf gegen die Folgen des 30-jährigen und des 7-jährigen Krieges …

Biologieunterricht in Deutschland

(1896) Humanbiologie, Experimente Lehrbücher: systematische Anordnung

(1896) Arbeit unterricht, Exkursionen

(1865) „Der Dorfteich als Lebensgemeinschaft“

Orientierung an der Wissenschaft

Reformbestrebungen um 1890

Ökologische Betrachtungsweise
Lebensgemeinschaft
Friedrich Junge
(1832–1905)

Funktionell-morphologische Betrachtungsweise
Bau und Funktion
Otto Schmeil
(1860–1943)

Synthetische Betrachtungsweise
„Ganzheit“
Paul Brohmer
(1885–1965)

1900

Nützliches Wissen
Anton Senner

Orientierung an der Lebenswelt

... und gegen die Folgen des 1. Weltkriegs.

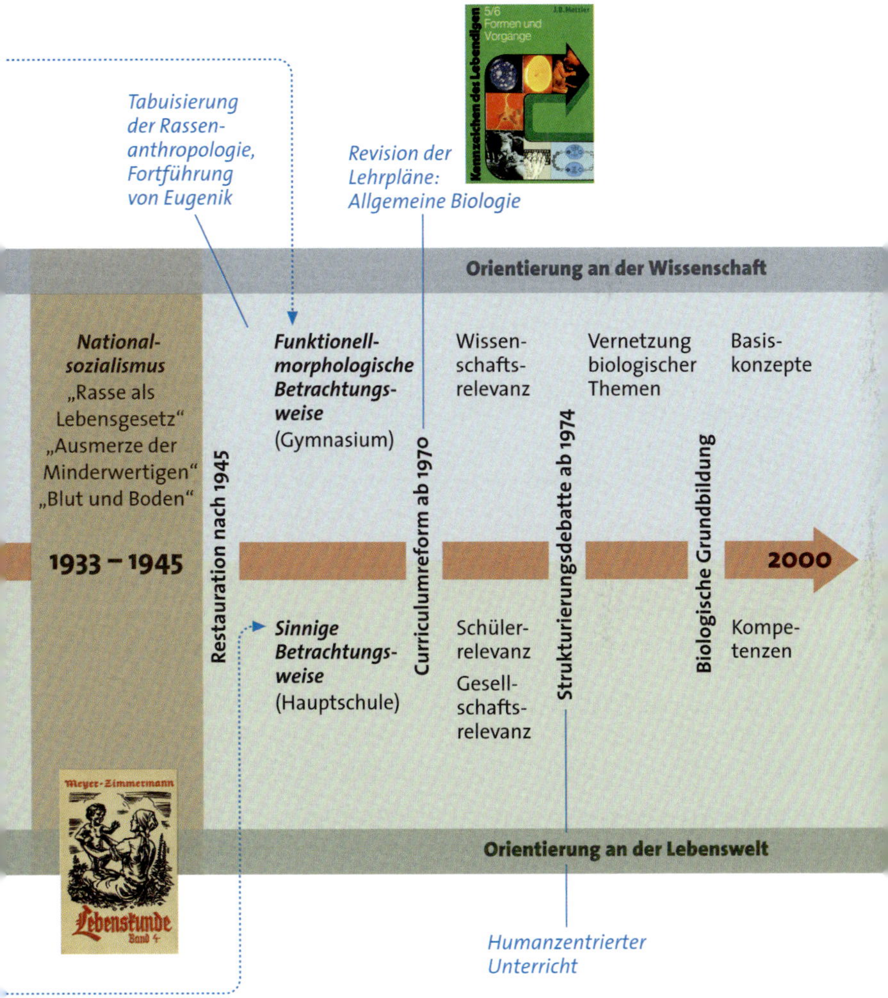
Kennzeichen des Lebendigen
5/6
Formen und Vorgänge
J.B. Metzler
Tabuisierung der Rassen-anthropologie, Fortführung von Eugenik
Revision der Lehrpläne: Allgemeine Biologie
Orientierung an der Wissenschaft
National-sozialismus
„Rasse als Lebensgesetz“
„Ausmerze der Minderwertigen“
„Blut und Boden“
1933 – 1945
Restauration nach 1945
Funktionell-morphologische Betrachtungs-weise (Gymnasium)
Sinnige Betrachtungs-weise (Hauptschule)
Curriculumreform ab 1970
Wissen-schafts-relevanz
Schüler-relevanz
Gesell-schafts-relevanz
Strukturierungsdebatte ab 1974
Vernetzung biologischer Themen
Biologische Grundbildung
Basis-konzepte
Kompe-tenzen
2000
Meyer-Zimmermann
Lebenskunde
Band 4
Orientierung an der Lebenswelt
Humanzentrierter Unterricht

Biologieunterricht im Nationalsozialismus

Die Phase der nationalsozialistischen Herrschaft in Deutschland war auch für den Biologieunterricht ein tiefer Einschnitt. Aber es steht fest: Nationalsozialistische Vorstellungen entstanden 1933 nicht aus dem Nichts und verschwanden nach 1945 auch nicht spurlos. ***Nationalsozialistische Ideologie*** baute einerseits auf Biologie als Lieferant von nützlichem Wissen, andererseits auf dem Missbrauch biologischer Erkenntnisse auf:

- Rassenhygiene und Rassenkunde liegt eine Überbetonung des Genetischen zugrunde.
- In der Gemeinschaftsideologie werden Systeme über das Individuum gestellt und damit überbewertet. Volk und Natur gelten als das Leben bestimmende Ganzheiten.
- Für Rasse, Volk und Kultur ist ein statisches und ungeschichtliches Naturbild maßgebend, das auf Erhaltung des gegenwärtigen Zustands abzielt. Daher ist Selektion (zur Erhaltung der Gesundheit und der Rasse) das leitende Konzept nationalsozialistischer Ideologie, und zwar losgelöst von Evolution.

Mitwirkung von Biologen

Biologie wurde nicht nur missbraucht, sondern Biologen ließen sich aus eigener Überzeugung nur allzu leicht gebrauchen. Führende Biologen begrüßten die Politik des Nationalsozialismus als „Angewandte Rassenbiologie". Die Mitwirkung von Biologen an den Rassegesetzen (Rassegutachten) und Durchführung eugenischer Zwangsmaßnahmen sowie genetische Forschung in Konzentrationslagern sind dafür Beispiele. So war der berüchtigte KZ-Mörder *Josef Mengele* Anthropologe mit dem Schwerpunkt Zwillingsforschung.

Biologieunterricht wurde vor allem wegen Rassenkunde und Erblehre zum Leitfach für die Durchsetzung der nationalsozialistischen Ideologie erklärt. Dies spiegelt sich besonders in der Neubearbeitung der Schulbücher seit 1940 wider. Rassenbiologie und Rassenhygiene (wie Eugenik damals genannt wurde) spielen in allen Jahrgängen eine Rolle und dominieren in den Jahrgängen 9/10 (Menschenkunde). Themenkreise sind z. B. „Das deutsche Volk und seine Rassen", „Die Rassenkreise der Erde", „Rassenmischung und die Rassenschutzgesetze", „Minderwertigkeit und ihre Bekämpfung", „Die Geburtenfrage, eine Schicksalsfrage" und „Die Leistungsfähigkeit des Einzelmenschen als Grundlage völkischen Lebens". Mit der Bearbeitung wurden gleichzeitig erstmals allgemeinbiologische Gesichtspunkte und moderne methodische Darstellungen in die Bücher eingeführt.

Folgerungen

Nach 1945 wurde Rassenkunde tabuisiert und die Rolle des Biologieunterrichts im Nationalsozialismus nicht reflektiert. Der widerstandslose Gebrauch und Missbrauch der Biologie wird künftig jedoch nur durch gesellschaftliche und ethische Reflexion vermieden werden können.

Konsequenzen aus der Biologie im Nationalsozialismus

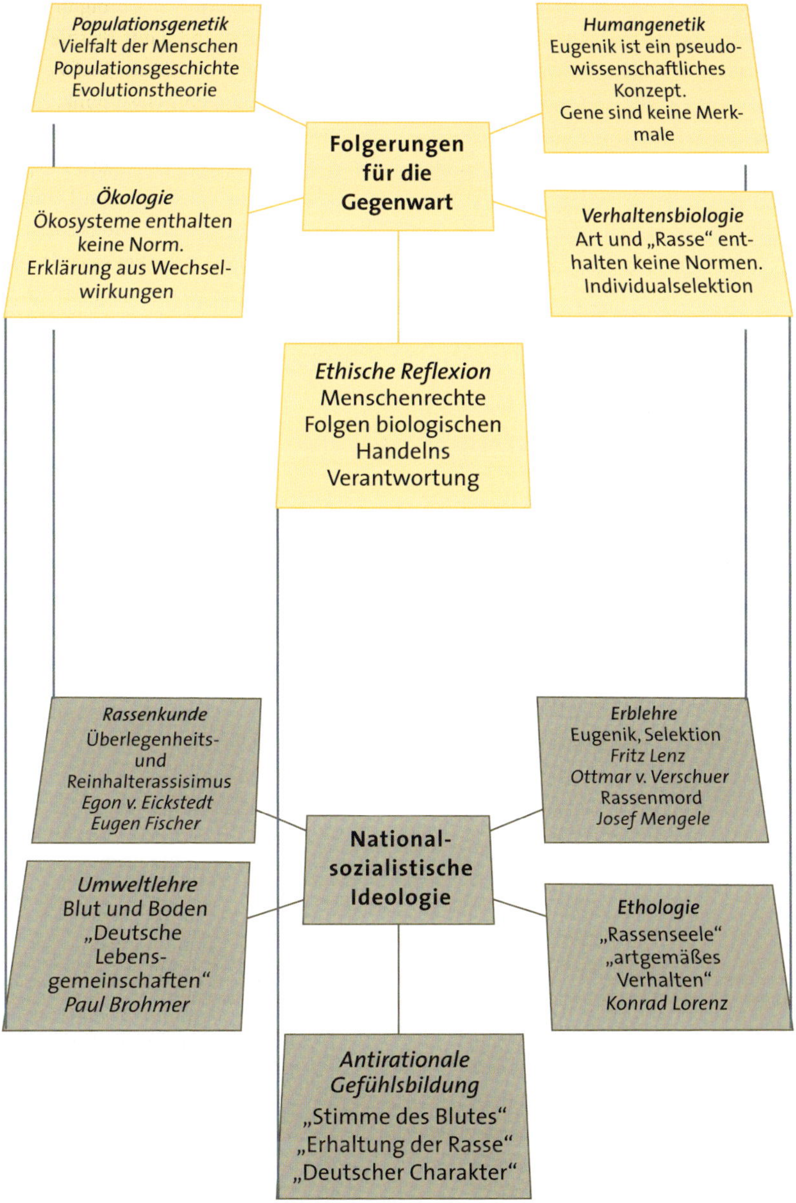

Biologie als Wissenschaft

Biologie ist die Wissenschaft vom Leben. Das Wort *Bios* bezeichnete im Griechischen das Leben des Menschen. Der Begriff Biologie wurde 1802 unabhängig voneinander durch den deutschen Arzt *Gottfried Reinhold Treviranus* und den französischen Naturforscher *Jean Baptiste de Lamarck* auf alle lebenden Systeme ausgedehnt.

Teildisziplinen

Die Unterteilung der Biologie geschieht traditionell in zwei Sparten:

- ***Spezielle Biologie*** betrifft die einzelnen Arten und Organismengruppen. Sie ist ursprünglich beschreibend-morphologisch orientiert.
- ***Allgemeine Biologie*** betrifft die Prozesse, die an Organismen zu beobachten sind. Sie ist ursprünglich experimentell-physiologisch orientiert.

Theoretische Biologie umfasst zwei grundlegende Theorien, die Evolutionstheorie und die Systemtheorie. Die Evolutionstheorie ist die durchgehende, erklärende Theorie der Biologie. Sie rekonstruiert die Geschichte des Lebens gegen die Zeitrichtung. Mit der Systemtheorie werden Systemanalysen durchgeführt, bei denen die Biosysteme jeweils gegen die Richtung steigender Komplexität zerlegt werden.

Metadisziplinen der Biologie betreiben nicht selbst biologische Forschung, sondern befassen sich mit Biologie als Wissenschaft und machen daher Aussagen über Biologie.

Betrachtungsebenen

Biosysteme lassen sich hierarchisch ordnen, was sich auch in den Disziplinen der Allgemeinen Biologie widerspiegelt. Die Niveaus werden auch als Ebenen biologischer Organisation bezeichnet. Unter dem Aspekt, dass sie Konstrukte darstellen, mit denen die biotischen Systeme geordnet werden, lassen sich drei grundlegende Systeme unterscheiden:

1. der Organismus, dessen Prozesse physiologisch erfasst werden;
2. die Art, deren Prozesse (evolutions-) genetisch beschrieben werden;
3. der Bioplanet, dessen Prozesse ökologisch beschrieben werden.

Dass die Wahl der Ebene von der Perspektive des betrachtenden Wissenschaftlers abhängt, zeigt sich z. B. darin, dass Organismen auch als Ökosysteme und Ökosysteme auch als sogenannte Superorganismen beschrieben werden können.

Struktur der Disziplin

Biologie lässt sich von den drei Betrachtungsebenen und den beiden durchgehenden Theorien her strukturieren. Mit den weiteren Unterteilungen weist die Biologie weit mehr Betrachtungsebenen auf als andere Naturwissenschaften. Die Unterscheidung der Ebenen und der Wechsel zwischen ihnen ist daher für das Verständnis biologischer Phänomene besonders bedeutsam. Ein wesentlicher Unterschied zu Physik und Chemie besteht außerdem darin, dass die Gegenstände der Biologie ihre eigene Geschichte haben: Durch die Evolutionstheorie ist die Biologie eine historische Naturwissenschaft. Diesen geschichtswissenschaftlichen Charakter teilt sie mit Geologie und Kosmologie.

Teildisziplinen der Biologie

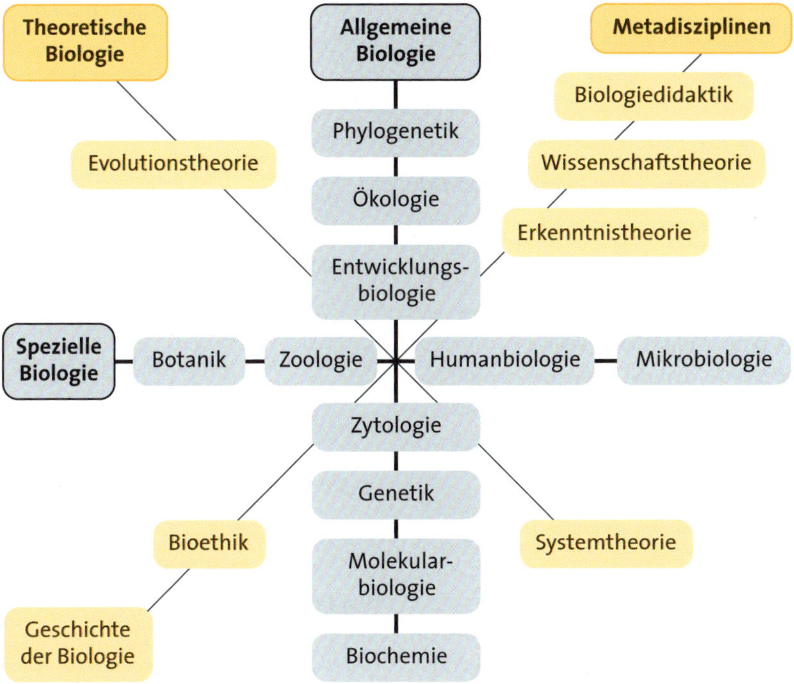

Struktur der Biologie

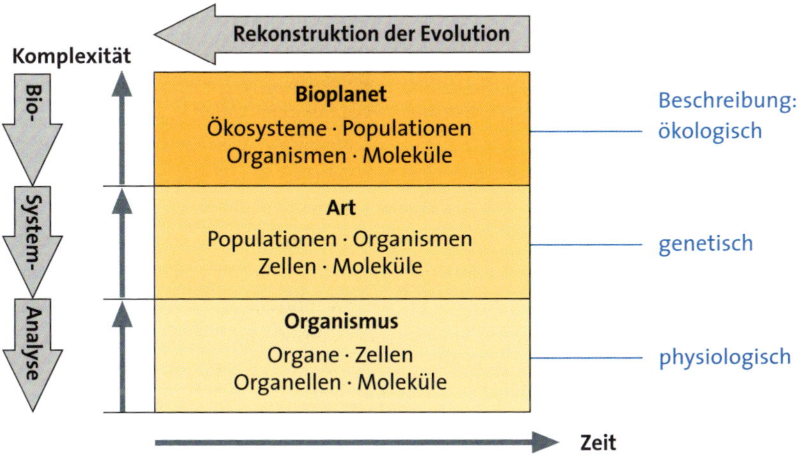

Biologie als Unterrichtsfach

Schulfächer sind keine Abbilder der wissenschaftlichen Bezugsdisziplinen. Die Auswahl ihrer Inhalte erfolgt vielmehr sowohl in fachlicher wie auch in pädagogischer Hinsicht.

Bildungswert

Mit dem Terminus Bildung wird der Prozess der Auseinandersetzung des Individuums mit dessen Umwelt betont. Der Bildungswert des Biologieunterrichts wird meist mit den Beiträgen der Biologie zum Selbst- und Weltverständnis der Lernenden beschrieben, d. h. besonders die Bedeutung der Biologie für das Leben in der Gesellschaft (Anwendungsaspekte, Bioethik). In neuerer Zeit wird der Beitrag zur naturwissenschaftlichen Grundbildung herausgestellt, womit das Verständnis der Naturwissenschaft, d h. die Tragfähigkeit und Grenzen ihrer Leistungen angesprochen sind:

Erkennen der lebendigen Natur: Biologie teilt mit den Schulfächern Physik und Chemie die allgemeinen (hypothetisch-deduktiven) Methoden naturwissenschaftlicher Erkenntnisgewinnung.

Reflektieren des Modus der Welterschließung: Biologie trägt mit der Evolution die zusätzlichen Aspekte zu einer historisch arbeitenden Naturwissenschaft bei.

Verstehen der eigenen, menschlichen Natur und ***Bewerten der Rolle der Biologie in der Gesellschaft:*** Dadurch, dass Biologie den Menschen zum Untersuchungsgegenstand hat, sind die Auseinandersetzung mit ihren Beiträgen zum Selbstverständnis und das Bewerten ihrer Rolle in der Gesellschaft von besonderem Gewicht.

Verfahren der Inhaltsauswahl

Für die Entwicklung von Curricula wurden drei Kriterien der Inhaltsauswahl aufgestellt:

1. Bedürfnisse und Interessen der Lernenden (Schülerrelevanz),
2. Anforderungen in der Gesellschaft (Gesellschaftsrelevanz),
3. Anforderungen der jeweiligen Bezugswissenschaft (Wissenschaftsrelevanz).

Wenn die Gewichtung der Kriterien offen bleibt, kann jeder Inhalt leicht gerechtfertigt werden. Daher wird ein schrittweises Vorgehen vorgeschlagen, bei dem der Gesellschaftsrelevanz ein Vorrang eingeräumt wird.

Exemplarisches Prinzip

Das exemplarische Prinzip von *Martin Wagenschein* ist orientiert

- am ***Elementaren***: Die Beispiele müssen sich auf grundlegende Einsichten beziehen,
- am ***Genetischen***: Unterricht soll forschend-entwickelnd angelegt sein,
- an den ***Phänomenen***: Realobjekte werden beobachtet, ohne vorschnell zu verallgemeinern;
- am ***Fundamentalen***: Die Ergebnisse des Unterrichts sollen die Lernenden betreffen und ihr Verständnis von sich selbst und der Welt beeinflussen.

Daraus folgt, dass möglichst von einem alltäglichen Problem ausgegangen wird. Vorteile: Problemorientierung, Eigentätigkeit, Motivation; Nachteile: fehlende Übersicht über allgemeine Prinzipien und deren Verknüpfung.

Bildungswert des Biologieunterrichts

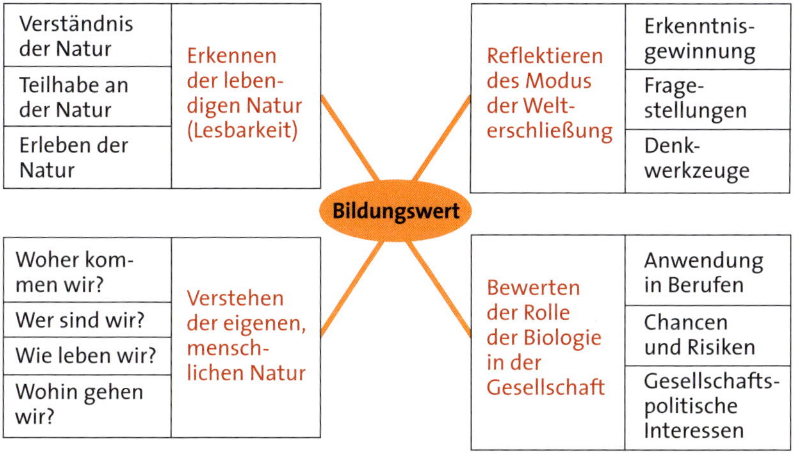

Rechtfertigung von Unterrichtsinhalten

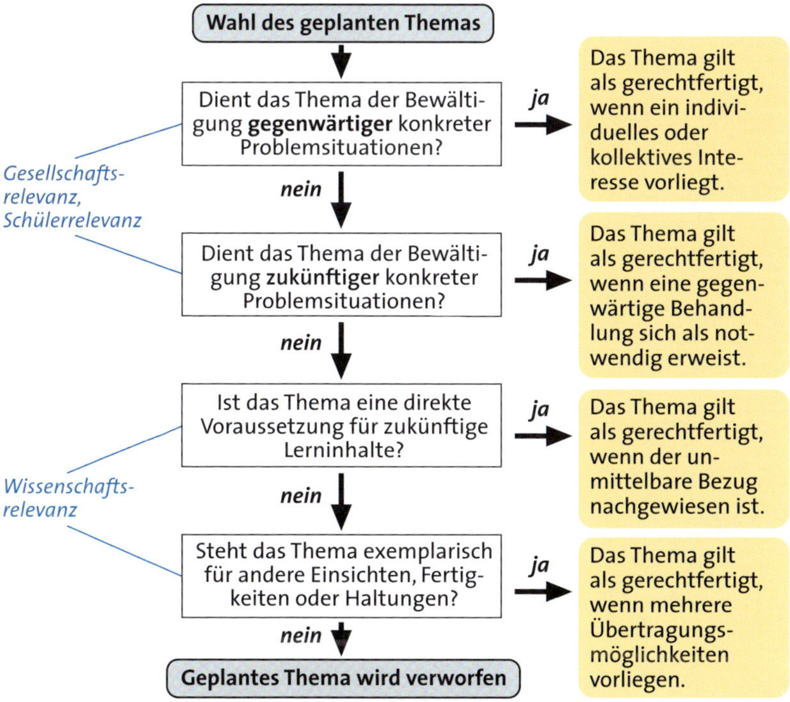

Verknüpfung der Unterrichtsinhalte

Die Verknüpfung biologischer Unterrichtsinhalte ist wichtig für das bedeutungsvolle und nachhaltige (kumulative) Lernen. ***Basiskonzepte*** sollen bewusst machen, welche Begriffe die unterschiedlichen Themen gemeinsam haben. Der Lernprozess soll so durch sie strukturiert und an allgemeinen Prinzipien orientiert werden. Die Formulierung von Basiskonzepten erfolgte bisher pragmatisch. In den Standards der Kultusministerkonferenz (KMK) für den mittleren Schulabschluss werden drei Basiskonzepte mit unterschiedlichem Abstraktionsniveau formuliert: *System; Struktur und Funktion; Entwicklung*. In den Einheitlichen Prüfungsanforderungen in der Abiturprüfung (EPA) stehen dagegen acht Basiskonzepte. Sie enthalten alle den Aspekt der Wechselwirkungen:

- ***Struktur und Funktion.*** Lebewesen und Lebensvorgänge sind an Strukturen gebunden; es gibt einen Zusammenhang von Struktur und Funktion.
- ***Reproduktion.*** Lebewesen sind fähig zur Reproduktion; damit verbunden ist die Weitergabe von Erbinformationen.
- ***Kompartimentierung.*** Lebewesen zeigen abgegrenzte Reaktionsräume.
- ***Steuerung und Regelung.*** Lebewesen halten bestimmte Zustände durch Regulation aufrecht und reagieren auf Veränderungen.
- ***Stoff- und Energieumwandlung.*** Lebewesen sind offene Systeme; sie sind gebunden an Stoff- und Energieumwandlungen.
- ***Information und Kommunikation.*** Lebewesen nehmen Informationen auf, speichern und verarbeiten sie und kommunizieren.
- ***Variabilität und Angepasstheit.*** Lebewesen sind bezüglich Bau und Funktion an ihre Umwelt angepasst. Angepasstheit wird durch Variabilität ermöglicht. Grundlage der Variabilität bei Lebewesen sind Mutation, Rekombination und Modifikation.
- ***Geschichte und Verwandtschaft.*** Ähnlichkeit und Vielfalt von Lebewesen sind das Ergebnis stammesgeschichtlicher Entwicklungsprozesse.

Das Verhältnis beider Entwürfe von Basiskonzepten zueinander ist unklar.

Leitlinien

Basiskonzepte reichen allein nicht aus, um biologische Themen für die Lernenden bedeutungsvoll zu verknüpfen. Frühere Versuche, dies zu erreichen, lagen in der Anordnung nach dem System der Lebewesen oder den Kennzeichen des Lebendigen.

Die grundlegende Theorie der Biologie ist die Evolutionstheorie. Evolution ist daher geeignet, ein durchgehendes Band für das Lernen von Biologie bereit zu stellen. Die Konzeption eines ***naturgeschichtlichen Unterrichts*** verwendet Evolution als durchgehende Leitlinie und als Erklärungsprinzip und zwar in allen Themenbereichen. Das bedeutet, dass der Evolutionsgedanke früh eingeführt wird. Durchgehende Aspekte sind „Geschichte des Lebens“ und „Selektion“. Damit soll auch die randständige Rolle beendet werden, die die Evolution seit *Otto Schmeil* im Biologieunterricht hatte. Auf diese Weise werden verschiedene biologische Bereiche (u.a. Physiologie, Ökologie, Genetik) miteinander verknüpft und im Lichte der Evolution verstanden.

Von Kommissionen der KMK vorgeschlagene Basiskonzepte

relativ höhere Abstraktionsebene, fällt dadurch heraus

Basiskonzept steht auf unterschiedlichen Ebenen

umfasst Individualentwicklung und Evolution

Bildungsstandards Biologie	System	Struktur und Funktion	Entwicklung
Einheitliche Prüfungsanforderungen in der Abiturprüfung (EPA) Biologie	Struktur und Funktion Kompartimentierung Steuerung und Regelung Stoff- und Energieumwandlung Information und Kommunikation		Reproduktion Variabilität und Angepasstheit Geschichte und Verwandtschaft

Leitlinie Evolution: Geschichte und Selektion (Sekundarstufe I)

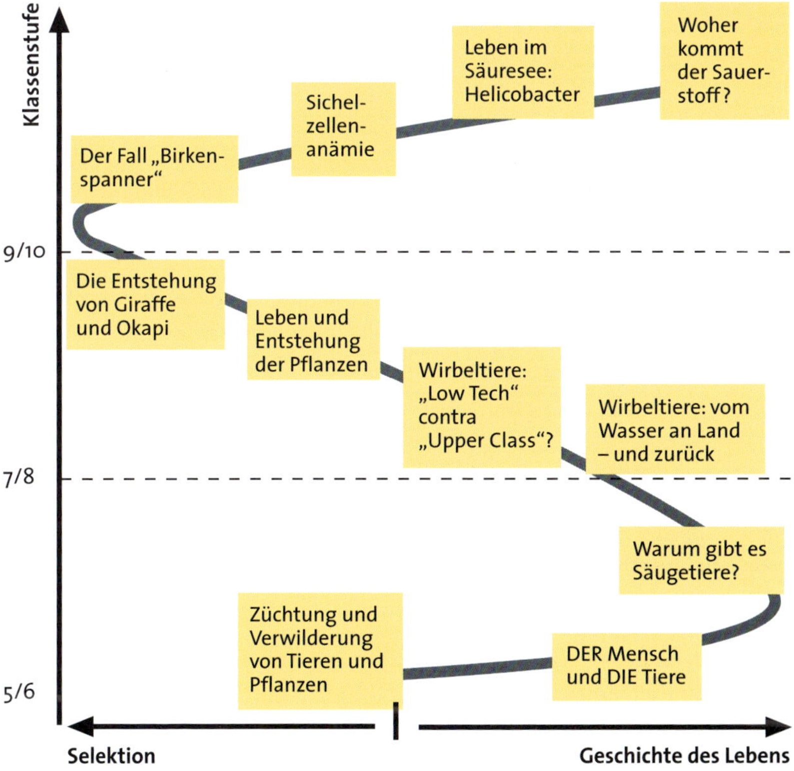

Verstehen von Wissenschaft

Unter Wissenschaft verstehen wir unterschiedliche, aber zusammenhängende Aspekte derselben Sache: Wissenschaft ist ein menschliches Unternehmen, eine kulturelle Institution, welche durch methodisch kontrollierte Forschung zuverlässige Erkenntnisse zu einem Gegenstand hervorbringt.

Gegenstand einer Wissenschaft kann alles sein, das sich erforschen lässt. Forschung heißt jede für mehrere Betrachter überprüfbare und nachvollziehbare Untersuchung von Tatbeständen (Intersubjektivität). Gegenstand der Wissenschaft Biologie ist die lebendige Welt, also die Biosphäre mit ihren Strukturen und deren Geschichte.

Naturwissenschaftliche Erkenntnisse sind das Ergebnis von Forschung. Sie umfassen sowohl Beschreibungen von Fakten als auch deren Erklärungen, die von Theorien geliefert werden. Der gewaltige Fundus an Wissen wird erst brauchbar, wenn er systematisiert und geordnet vorliegt (wie z. B. *Linnés Systema naturae*). Naturwissenschaftliche Erkenntnisse sind notwendigerweise immer hypothetisch, sie stützen sich auf sorgfältig überprüfte Vermutungen über Sachverhalte. Naturwissenschaft behauptet keine ewigen Wahrheiten, sondern erzeugt aktuell verlässliches – wenngleich revidierbares – Wissen.

Naturwissenschaftliches Wissen hat darüber hinaus ein Anwendungspotenzial. Dies führt in den Bereich der Technik. Naturwissenschaft strebt nach Erkenntnissen, indem sie nach dem Was und Warum fragt. Technik zielt darauf, wie Anwendung erreicht werden kann. Spätestens damit kommen auch Fragen der Bewertung in den Blick.

Wissenschaftlergemeinschaft

In den Naturwissenschaften suchen Menschen gezielt und systematisch nach Fehlern und versuchen, diese zu beseitigen. Einwände sind in der Naturwissenschaft daher wichtiger als Wissensbehauptungen. Von dieser Skepsis und der Bereitschaft zur Fehlerbeseitigung leben der wissenschaftliche Fortschritt und die Qualität des naturwissenschaftlichen Wissens. Voraussetzung dafür ist die Veröffentlichung der Erkenntnisse unter Beachtung bestimmter Regeln der Darstellung. Die Wissenschaftlergemeinschaft sorgt für die Lehre, d. h. die Weitergabe des Wissens an Neulinge im Fach. Sie kommuniziert Wissen in der Öffentlichkeit.

Methoden

Wissenschaftliche Erkenntnisse werden auf bestimmte Weise und über bestimmte Wege erreicht. Die Methoden und Untersuchungspläne sind die von der Wissenschaftlergemeinschaft akzeptierten Werkzeuge und Arbeitsschritte zur Produktion wissenschaftlicher Erkenntnisse. Naturwissenschaft fördert die Technik. Im Gegenzug gibt die Erfindung von Maschinen und Apparaten den Naturwissenschaften oft einen gewaltigen Schub (z. B. Mikroskop in der Mikrobiologie, bildgebende Verfahren in der Neurobiologie).

Konstitution einer Wissenschaft

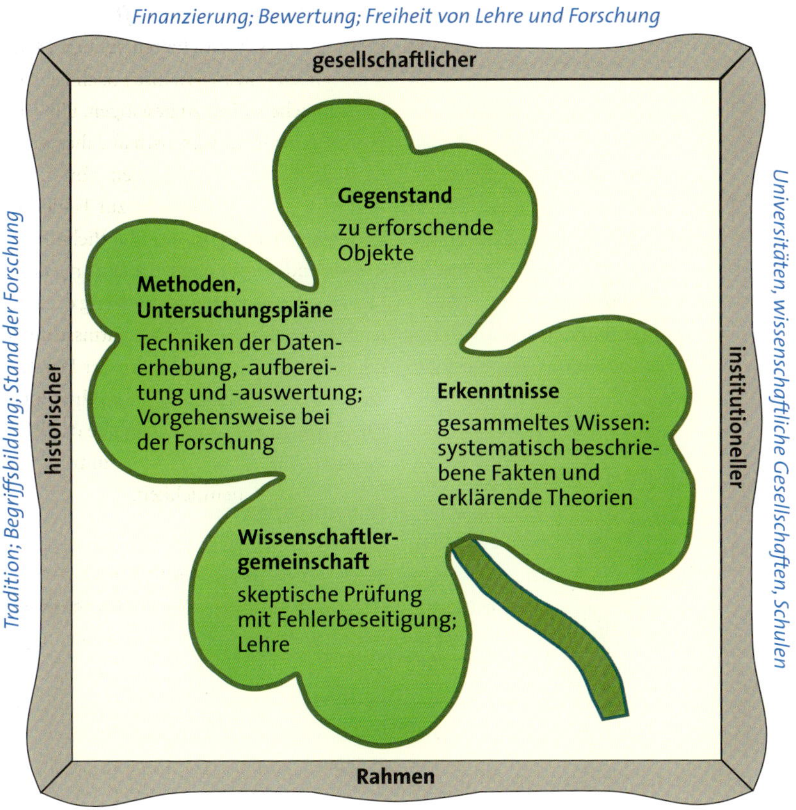

Klassifizierung von Wissen

	Wissen	Funktion	
Kolumbuswissen	Entdeckung Faktum	Beschreibung	
	Theorie Prognose	Erklärung	Leibnizwissen
	Methode Technik	Anwendung	Leonardowissen
Kantwissen	Orientierung Ethik	Bewertung	

Logik der Forschung

Wie kann man sich der Gültigkeit von Regeln, Gesetzen und Theorien versichern? Zwei Möglichkeiten scheinen sich anzubieten: Wiederholte Bestätigung (Verifikation) oder die kritische Überprüfung durch den Versuch einer Widerlegung (Falsifikation). Der Wissenschaftstheoretiker *Karl R. Popper* hat die skeptische Haltung und damit die Falsifikation als einzige Möglichkeit für die Naturwissenschaften angesehen. Die Widerlegbarkeit (Falsifizierbarkeit) ist danach das Kennzeichen naturwissenschaftlicher Sätze (Hypothesen).

Induktion

Aus den Beobachtungen, dass ausgewachsene Höcker- und Singschwäne ein weißes Gefieder haben, könnte man schließen: ***Alle Schwäne sind weiß.*** Ein solcher Schluss vom Besonderen auf das Allgemeine wird als Induktion bezeichnet. Damit wird zwar ein Zugewinn an Erkenntnis angestrebt, aber die Gültigkeit des Schlusses kann nicht nachgewiesen werden. Es handelt sich nur um die Verallgemeinerung bisheriger Erfahrungen. Eine noch so große Anzahl weiterer Beobachtungen kann die Gültigkeit des Schlusses nicht verbessern. Ein einziges anderes Beispiel (Trauerschwan) widerlegt die induktiv gewonnene Verallgemeinerung. Durch einen Einzelfall verifiziert kann nur ein Satz werden wie: ***Einige Schwäne sind weiß;*** jedoch kann dies durch Beobachtungen nicht widerlegt oder falsifiziert werden und ist damit keine naturwissenschaftliche Hypothese.

Deduktion

Von einem allgemeinen Satz, einer Hypothese, lässt sich auf Einzelfälle schließen. Den Schluss vom Allgemeinen auf das Besondere nennt man Deduktion. Eine Deduktion ist logisch korrekt, aber nicht erkenntniserweiternd: Falls nämlich die Hypothese aufgestellt wird, dass alle Schwäne weiß sind, dann muss sich dies in jedem Einzelfall erweisen. Stößt man auf einen schwarzen Schwan, ist der allgemeine Satz widerlegt. Es ist nun ein neuer allgemeiner Satz zu suchen, der mit den bekannten Fakten übereinstimmt: ***Schwäne sind entweder schwarz oder weiß.*** Auch dieser – wie jeder – naturwissenschaftliche allgemeine Satz kann zumindest potenziell falsifiziert werden.

Wissenschaftspraxis

Wissenschaftler denken und handeln wie alle Menschen im Alltag pragmatisch: Sie lassen sich durch einige wenige widersprüchliche Fakten nicht davon überzeugen, eine bewährte Theorie fallen zu lassen. Vielmehr suchen sie ihre Theorie derart zu erweitern, dass die Widersprüche eingefangen werden. Erst wenn dieses nicht mehr gelingt, lassen sie (vielleicht) die alte Theorie fallen.

Induktives Vorgehen

Allzu oft wird die Vorstellung verbreitet, das Vorgehen der Naturwissenschaften bestünde darin, durch vorurteilsfreies Beobachten und Experimentieren Fakten und Daten zu sammeln, diese auszuwerten und dann daraus Gesetzmäßigkeiten und Theorien abzuleiten. Demgegenüber muss die Einsicht stehen, dass jede Beobachtung immer schon theoriegeleitet ist und Theorien hypothetisch sind. Wissenschaft schreitet in einem Wechselspiel von Theorie und Empirie voran.

Widerlegung einer allgemeinen Aussage

einzelne Beobachtungen	spezielle Sätze	allgemeine Sätze

Höckerschwan

Die Gefiederfarbe ist weiß.

Singschwan

Die Gefiederfarbe ist weiß.

Induktionsschluss aufgrund eines Farbvergleichs

1. Alle Schwäne sind weiß.

Intuition

2. Schwäne sind entweder weiß oder schwarz.

später untersuchte Fälle

Zwergschwan

Die Gefiederfarbe ist weiß.

Eine „Verifizierung“ ist durch noch so viele Beobachtungen nicht möglich!

Trauerschwan

Die Gefiederfarbe ist schwarz.

Widerlegung (Falsifizierung) aufgrund eines einzigen Gegenbeispiels

Erklärungen

Wissenschaft begnügt sich nicht mit dem Beschreiben von Phänomenen, sondern sucht sie zu erklären. Erklärungen sind Aussagen, in denen Ursachen mit Wirkungen verknüpft sind.

Kausalität heißt die Beziehung zwischen einer Ursache und deren Wirkung. Die Wirkung ist dabei das zu ***Begründende*** und zu ***Erklärende***, beispielsweise die Dehydrierung des Körpers. Begründet wird ein solches Ereignis z.B. durch Angabe von Anfangsbedingungen (Trinken größerer Mengen von Meerwasser) und erklärt mit der dazu passenden Gesetzmäßigkeit oder der Theorie (*Osmose*). Dehydrierung kann in einem anderen Fall auch durch zu geringe Wasserzufuhr begründet (Anfangsbedingung) und durch Transpiration (Gesetzmäßigkeit) erklärt werden. In beiden Fällen handelt es sich um ***monokausale Erklärungen.*** Werden zwei oder mehr Ursachen angegeben, liegt Multikausalität vor.

Nah- und Fernursachen

Das Überleben von (grampositiven) Bakterien auf einem Nährboden, der mit dem Antibiotikum Penicillin versetzt ist, kann durch eine ***Nahursache*** erklärt werden: Bei Besitz des Enzyms Penicillinase, bei passender Temperatur (Randbedingungen) und wegen der Enzym-Substrat-Wirkung (Theorie) kann ein Bakterium das Penicillin abbauen und die Hemmung seiner Zellwandsynthese verhindern. Zusätzlich kann das Überleben dieser einen Bakterienkolonie auf dem mit Penicillin versetzten Nährboden auch noch durch eine ***Fernursache*** (historisch kausal) erklärt werden: Ein Bakterium besaß bereits vor dem Aufbringen auf den Nährboden das Resistenz-Gen und bildete eine Kolonie. Alle anderen Bakterien wurden ausselektiert.

Erklärungen in der Biologie können in drei Formen verwendet werden: Angabe von Nahursache (proximate Ursachen), Fernursachen (ultimate Ursachen) und Beweggründen. Die Fernursachen lassen sich noch unterscheiden in gesetzmäßige und solche, bei denen einmalige Ereignisse die Hauptrolle spielen. Beispielsweise lässt sich die globale Verteilung der Säugetiere u.a. mit der Kontinentaldrift erklären. Die Verteilung der Kontinente oder der Einschlag eines Meteoriten sind zufällige erdgeschichtliche Ereignisse. Die Form der Erklärung gleicht hier einer Erzählung und erfordert den Einsatz von Kausalketten. Anders geartet sind die Erklärungen von (bewussten) Handlungen. Sie werden durch Beweggründe (Motive) erklärt.

Korrelationen

Im Alltag sind Zusammenhänge oft deutlich: Wenn der Hammer meinen Daumen trifft, tut es weh. Aber lange nicht alle Zusammenhänge sind kausal. Man kann z.B. die Anzahl der nistenden Störche in einem Gebiet zählen – und parallel dazu die Anzahl neugeborener Kinder. Nun lässt sich eine Beziehung aufstellen von der Art: je mehr (je weniger) Störche, desto mehr (desto weniger) Kinder. Man nennt eine solche Beziehung Korrelation. Heißt das nun, die Störche brächten die Kinder? Nein, es ist grundsätzlich unzulässig, allein von einer Korrelation auf einen kausalen, d.h. Ursache-Wirkungs-Zusammenhang zu schließen.

Kausalität

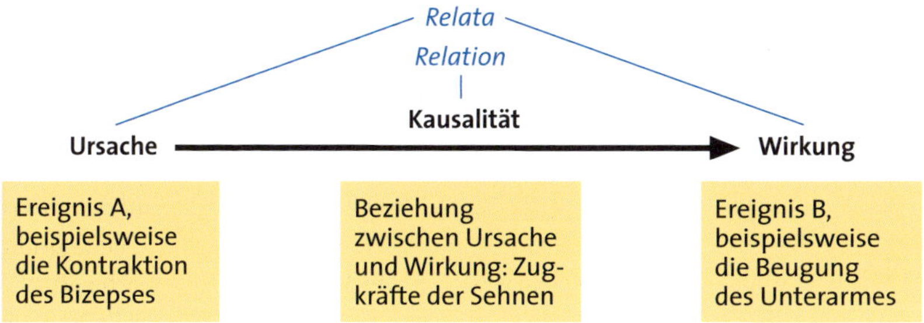

Erklärungen in der Biologie

Verursachung	Frage	Leitdisziplin	Beispiele
Nahursachen *aktual kausal*	Wie kommt das?	Physiologie	Herzschlag Haarwachstum
Fernursachen *historisch kausal* – gesetzmäßige Ursachen – zufällige Ereignisse	Wie ist das entstanden? Wie kam es dazu?	Evolutionsbiologie	Giraffenhals Mimikry globale Verteilung der Säugetierordnungen
Beweggründe *teleologisch*	Welches Ziel wird verfolgt?	Psychologie	Lesen dieser Tabelle

Korrelation mit Regressionsgerade

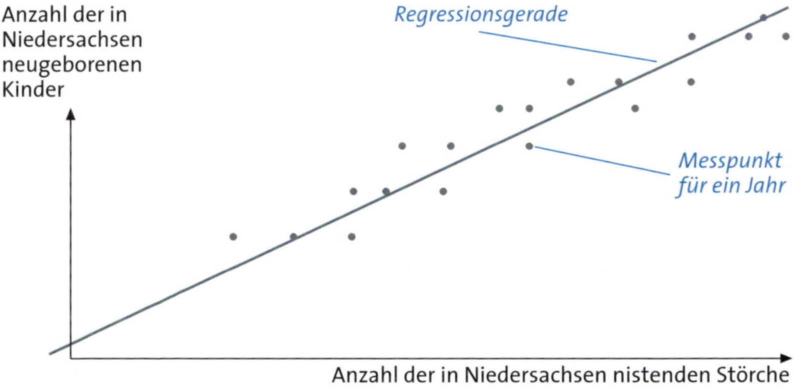

Geschichte der Biologie im Biologieunterricht

Die Wissenschaft Biologie ist älter als ihr Name. Die Entwicklung zu einer experimentell forschenden und technisch angewandten Naturwissenschaft konnte jedoch erst beginnen, nachdem die Unterschiede zwischen Nichtlebendem und Lebendigem erkannt worden waren. Die Entwicklung der Wissenschaft folgte nicht allein aufgrund innerfachlicher Prinzipien, sondern war auch abhängig von gesellschaftlichen Verhältnissen, sozialen Bedingungen sowie individuellen Einstellungen und Wünschen. In der Geschichte haben sich dabei nicht nur die Ansichten über die Gegenstände, sondern auch Charakter und Struktur der Biologie als Fach gewandelt. Sichtbar ist aber auch, dass bestimmte Motive und Wege biologischen Handelns trotz des Wandels der äußeren Bedingungen gleich geblieben sind. Die geschichtliche Betrachtung zeigt, auf welchen Voraussetzungen die heutigen Erkenntnisse beruhen und welche Denkwege dabei verlassen wurden oder noch heute konkurrierend nebeneinander existieren.

Aufgaben im Unterricht

Geschichte der Biologie ist kein eigenständiges Unterrichtsthema, sondern ist im Zusammenhang mit wesentlichen Unterrichtsinhalten und Zielen zu betrachten, die durch sie bereichert und unterstützt werden können. Ihre Behandlung hat im Biologieunterricht drei wesentliche didaktische und pädagogische Aufgaben:

- die ***biologiemethodische Funktion*** (zum besseren Verstehen biologischer Aussagen): Die Lernenden können den historischen Erkenntnisprozess in wesentlichen Teilen nachvollziehen, um dabei einen tieferen Einblick in Sachverhalte zu bekommen;
- die ***lernpsychologische Funktion*** (zur Reflexion des eigenen Lernens und Lernfortschritts): Die Lernenden sollen mit den historischen Anschauungen zu biologischen Phänomenen einen tieferen Einblick in eigene Vorstellungen erhalten;
- die ***wissenschaftspropädeutische Funktion*** (zum wissenschaftskritischen Reflektieren biologischer Aussagen): Die Lernenden sollen zum einen erfahren, dass die Wissenschaft Biologie etwas geschichtlich Gewordenes ist, zum anderen sollen sie die historischen und gesellschaftlichen Einflüsse auf die Erkenntnisbildung kennen lernen.

Lernende wie Lehrende können besonders beim Studium der Geschichte wissenschaftlicher Begriffe deren Genese selbst begreifend erforschen und damit die Inhalte für sich erschließen. *Martin Wagenschein* erläutert dieses historisch genetische Prinzip so: „Die geistige Welt des Kindes steht nicht etwa im Gegensatz zum Geist des Forschens. Das recht angesprochene Kind stellt sein Steuer schon richtig und zieht den hastenden Lehrer wieder in die ruhige Urströmung zurück, die auch für die Wissenschaft immer der Beweggrund ist. … Der Lehrer kann nicht irregehen an Hand des forschenden Kindes und an der Hand der ursprünglichen Forschung.“

Von Aristoteles bis Darwin & Co

Aspekte im Unterricht

Vorstellungen zur „Höherentwicklung“

Empirisches Vorgehen, Geschichte der Vorstellungen zur Blutbewegung

Binäre Nomenklatur
Typologisches Ordnen
Künstliches System

Geschichte

Ideen

Stufenleiter der Wesen

Postulat des Blutkreislaufs
Prüfung durch Beobachtungen und Experimente

Ordnung der Schöpfung nach den Gedanken Gottes

Begriff „Biologie“ 1802

4. Jh. v. Chr. — **1600** — **1700** — **1800**

Personen

Aristoteles (384 – 322 v. Chr.)

Vater der Naturwissenschaften

William Harvey (1578 – 1657)

„Galilei“ der Physiologie

Carl von Linné (1707 – 1778)

Begründer der botanischen und zoologischen Systematik, Binäre Nomenklatur

Gottfried Reinhold Treviranus (1776–1837)

Jean B. de Lamarck (1744–1829)

Von Aristoteles bis Darwin & Co

Merkmale und Gene Entwicklung des Genbegriffs nach 1905

Theorie steht vor „Tatsachen“

Evolutionäre Erklärungen Kontroversen

Verständnis von Ökosystemen

Verhalten von Merkmalen im Erbgang

Zelltheorie

Evolutionstheorie

Ökologie

Lebensgemeinschaft

1800 **1900**

Gregor Mendel (1822–1884)

Rudolf Virchow (1821–1902)

Charles Darwin (1809–1882)

Ernst Haeckel (1834–1919)

Karl Möbius (1825–1908)

Vorbereiter der Klassischen Genetik

„Omnis cellula e cellula.“

Begründer der naturwissenschaftlichen Sicht der Naturgeschichte

Modelle und Metaphern in der Wissenschaft: Doppelhelix und Information

Vorstellungen von „Arterhaltung" und genetischem Eigennutz

Molekulargenetik

Verhaltenslehre

Entwicklungsgenetik

950 **2000**

ames Watson, eb. 1928, rancis Crick 916–2004)

Severo Ochoa (1905–1993), Marshall W. Nirenberg (1927 – 2010) Heinrich Matthaei geb. 1929

Karl von Frisch (1896–1982), Konrad Lorenz (1903–1989), Nikolaas Tinbergen (1907–1988)

Christiane Nüsslein-Volhard geb. 1942

953 DNA-Helix

1965 DNA-Code

1973 Nobelpreis

1995 Nobelpreis

Ethik im Biologieunterricht

Ethik ist die philosophische Disziplin, die sich systematisch mit Werten und Normen des menschlichen Handelns auseinandersetzt.

- Werte geben als erstrebenswert geltende Eigenschaften und Güter an (z.B. Menschenwürde).
- Normen geben das geforderte Handeln an (z.B. nicht zu töten).

Als grundlegende ethische Normen gelten:

- Universalität des gebotenen Verhaltens
- Gegenseitigkeit: Fairness, Goldene Regel: „Was du nicht willst, was man dir tut, das füg auch keinem anderen zu"; d.h. Gültigkeit des Verhaltens auch bei Vertauschen der Rollen.
- Solidarität: Eintreten für den anderen – auch gegen das eigene Interesse, für die Schwächeren, für kommende Generationen und die nichtmenschliche Mitwelt.

Bioethik

Die Bioethik ist ein Teilbereich der Ethik. Sie beschäftigt sich mit solchen ethischen Fragen, die mit biologischen, biotechnischen oder biomedizinischen Aspekten verknüpft sind. Der Terminus „Bioethik" wird hier in einem umfassenden Sinne gebraucht. Er betrifft Probleme, die durch neue Entwicklungen in der Medizin und den biochemisch orientierten Wissenschaften entstehen (Medizinethik), sowie ethische Herausforderungen, die sich aus den absehbaren Folgen bereits vorgenommener und andauernder Eingriffe des Menschen in die Natur ergeben (Umweltethik). Daneben stehen Fragen, die sich aufgrund der Leidensfähigkeit von Tieren stellen (Tierethik). Die Biologie berührt auch ethische Fragen, die das (friedliche) Zusammenleben der Menschen betreffen, wie Aggression und Rassismus (Sozialethik). Das auf Geschlechter bezogene Verhalten der Menschen und dessen Beurteilung wird besonders in der Sexualerziehung angesprochen (Sexualethik). Auch der Umgang mit Wissen, Ergebnissen und Konzepten innerhalb des Wissenschaftsbetriebs bedarf der ethischen Bewertung (Wissenschaftsethik). Die Reflexionen hierzu sind wesentlicher Teil der Wissenschaftspropädeutik.

Bewertungskompetenz

Beschreibende und erklärende biologische Aussagen sind von normativen zu unterscheiden. Beide hängen aber häufig untrennbar zusammen. Bewertungskompetenz, wie sie in Standards für Schulabschlüsse angeben wird, ist also nicht von den Kompetenzen zu trennen, die Wissen und Erkenntnisgewinnung betreffen.

Reflexionsebenen

Ordnungsethik stellt Werte und Normen heraus, die vor einer Entscheidung gründlich bedacht werden sollten. Starres Festhalten an unverrückbaren Werten führt jedoch meist zu unlösbaren Konflikten.

Gesinnungsethik hält Ziele und Motive des Handelns für ethisch maßgeblich, aber gute Absichten allein reichen nicht aus, um das Richtige zu tun.

Verantwortungsethik schließt nicht nur Beachten von Werten und das Verfolgen von guten Absichten ein, sondern auch das Abschätzen von Folgen und Nebenfolgen des Handelns. Die drei Reflexionsebenen sind miteinander und nacheinander zu beachten.

Bereiche der Bioethik

Bioethik

Medizinische Ethik
Lebensverlängerung
menschlicher Tod
Sterbehilfe
Organspende
Fortpflanzungstechnik
künstliche Befruchtung
Sterilisierung
Gentherapie
Gentests
Eugenik

Tierethik
Tierschutz
Tierversuche
Tierrechte
artgerechte Haltung (Haus- und Heimtiere, Zoo)
Qualzüchtungen
Herstellung transgener Tiere

Umweltethik
Umweltzerstörung und -gestaltung
Ressourcennutzung
Biotop- und Artenschutz
Eigenwert der Natur
Naturschutz
Jagd
Freisetzung biotopfremder Lebewesen

Sozialethik
Rassismus
Sexismus
Umgang mit Behinderten
Sucht
Aggression und Frieden
Ausrottung von Menschengruppen (Genozid)
Bevölkerungspolitik

Sexualethik
Sexuelle Partnerschaft
Sexuelle Neigungen
Empfängnisregelung
Schwangerschaftsabbruch
Transsexualität
Geschlechtsunterschiede
Gender

Wissenschaftsethik
Grenzen und Tragweite
Entstehungs- und Verwertungszusammenhänge
Biologismus
Konzeptwandel
weltanschauliche Deutungen
Objektivierung und Manipulation

Ebenen ethischer Reflexion

	Ordnungsethik	Gesinnungsethik	Verantwortungsethik
Die Ethik gründet sich *normativ* auf ...	Ordnung	Gesinnung	Verantwortung
sie wird *kognitiv* bestimmt durch ...	Gesinnung	Ziele	Folgen
sie wird *affektiv* beeinflusst durch ...	Verantwortung	Appelle	Chancen und Risiken
sie wird *pragmatisch* geleitet durch ...	Tugenden	*Motive*	*Vernunft*
ihre Urteile sind im *Grundsatz* ...	kategorisch und zeitlos gültig	subjektiv herrschend und universell verpflichtend	geschichtlich gebildet und revidierbar
	↓ **Normativer Rahmen**	↓ **Beweggründe**	↓ **Konsequenzen**

Ethische Urteilsfindung

Normative Aussagen

Biologieunterricht, in dem ethische Fragen angesprochen werden, muss den Lernenden einsehbar machen, dass zwischen naturwissenschaftlichen und ethischen Aussagen ein wesentlicher Unterschied besteht: deskriptive (beschreibende) sind klar von normativen (bewertenden, vorschreibenden) Aussagen zu unterscheiden. Im normativen Bereich kann die Unterscheidung der Reflexionsebenen – Ordnungsethik, Gesinnungsethik, Verantwortungsethik – helfen, die ethischen Vorstellungen der Schüler zu differenzieren und zu klären.

Entscheidungsschritte

Ziel des Behandelns ethischer Fragen im Biologieunterricht ist es – neben der Vermittlung biologischer Konzepte und Methoden – die Entwicklung des moralischen Urteilsvermögens der Lernenden zu fördern. Unterrichtsmethodisch geht es um die Durchführung ethischer Analysen konkreter Entscheidungssituationen (wie Schwangerschaftsabbruch bei der Diagnose Trisomie 21; Nahrungsmittelhilfe in „Hungerländern" der Erde; Verwendung von Daten, die in der NS-Zeit mit kriminellen Methoden ermittelten wurden). Durch die ethische Analyse sollen die Lernenden angeregt werden, sich mit möglichst vielen Wertorientierungen selbst auseinanderzusetzen und vielseitige Möglichkeiten des Handelns vor einer Entscheidung sachlich und ethisch fundiert zu durchdenken. Die nötigen ethischen Reflexionen können im Unterricht systematisch anhand einer Abfolge von Schritten angestoßen und organisiert werden.

Sieben Schritte zur ethischen Entscheidung

Entscheidungssituation (Fallbeispiel): In der Sahelzone herrschen Dürre und Hungersnot. Zur Abhilfe sollen Brunnen gebohrt werden. Experten wenden ein, dass dadurch die Lage verschlechtert werde, da dann aufgrund der Tradition die Viehherden vergrößert würden, was zur Überweidung, Verwüstung und neuer Hungersnot führen werde.

1. *Wahrnehmung der Entscheidungssituation:* Brunnenbau/kein Brunnenbau; kurzfristige Rettung von Menschenleben/Landschaftszerstörung. Entscheidung durch auswärtige Experten/Regierung/Landbevölkerung.
2. *Auflistung von Handlungsmöglichkeiten:* kurzfristig: Nahrungsmittellieferungen, Brunnenbohrung, Regeln für Wasserverbrauch; langfristig: Aufklärung der Bevölkerung, die Landschaft schonende Viehhaltung, Aufforstung.
3. *Auflisten der Werte:* Menschenleben/Naturerhaltung, Selbstbestimmung der Menschen/zukünftige Generationen.
4. *Aufstellen einer Rangordnung der Werte:* z. B. 1. Menschenleben, 2. Selbstbestimmungsrecht, 3. Naturerhaltung oder andere Reihenfolge.
5. *Auflisten der Ziele und Motive:* Nothilfe, Umweltschutz, Hilfe zur Selbsthilfe.
6. *Analyse der Ziele, Wertentscheidungen und Handlungsmöglichkeiten:* Zu bedenken sind Werte, Motive sowie Folgen und Nebenfolgen.
7. *Auswahl einer Handlungsmöglichkeit:* z. B. Brunnenbau, Reglementierung des Wasserverbrauchs und Aufklärung.

Sieben Schritte zur ethischen Entscheidung

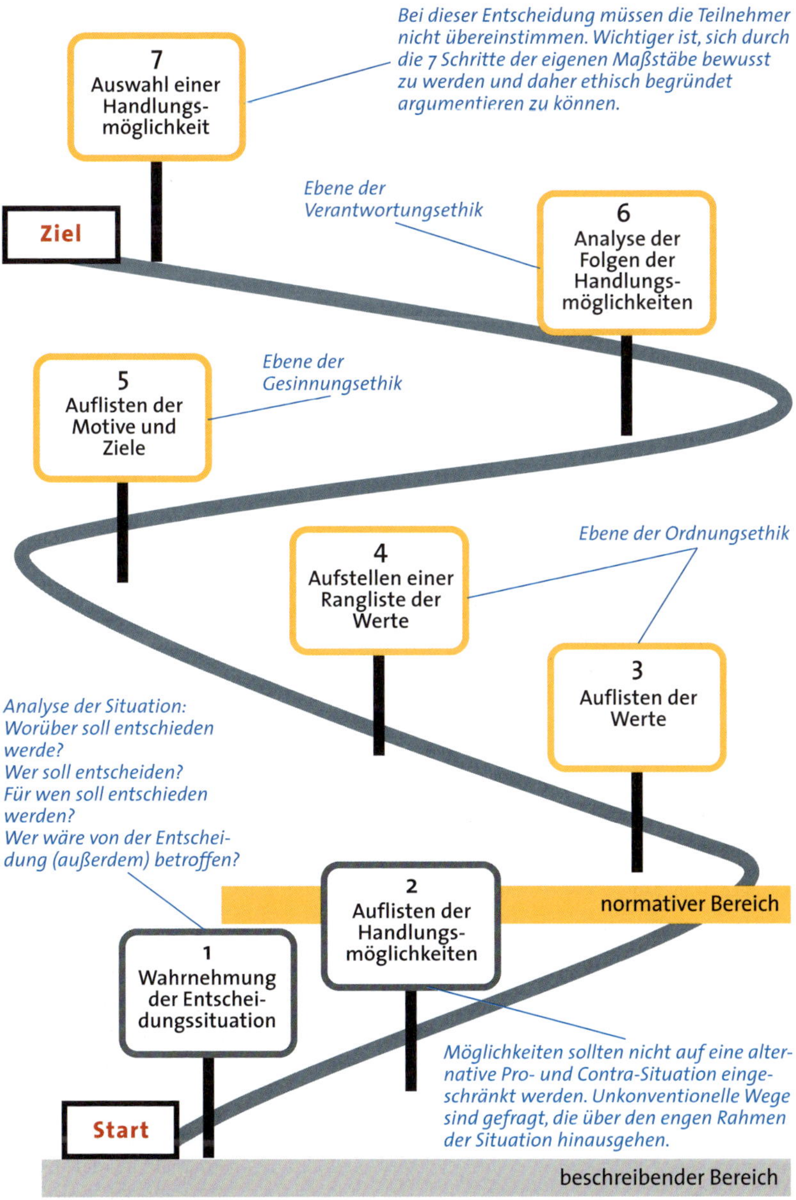

Gesundheitserziehung: Belastungen und Schwerpunkte

Gesundheit, so definierte es die Weltgesundheitsorganisation, ist ein Zustand völligen körperlichen, seelisch-geistigen und sozialen Wohlbefindens. Kritiker halten Gesundheit dagegen eher für den Ausdruck eines Prozesses, also für einen Weg, den man geht. Auch erscheint Wohlbefinden nicht der geeignete Maßstab für Gesundheit zu sein, denn bei vielen Erkrankungen fühlen sich die Betroffenen durchaus wohl. Gesundheit lässt sich kaum definieren, hingegen aber diagnostizieren. Gesundheit und Krankheit sind qualitativ wertende diagnostische Begriffe, welche die Endpunkte eines Kontinuums bilden. Wichtig ist die Fähigkeit, trotz gewisser Mängel, Störungen und Schäden leben, arbeiten und genießen zu können.

Thematische Schwerpunkte

In der schulischen Gesundheitserziehung sind sechs thematische Schwerpunkte in den Richtlinien und Lehrplänen verankert: Hygiene und Zahngesundheit; Ernährung; Sexualität, Fortpflanzung und AIDS; Drogen und Sucht; Erste Hilfe; Sport und Bewegung. Diese korrespondieren zumindest teilweise mit den gesundheitlichen Belastungen im Kindes- und Jugendalter:

- ***Infektionen***, wie die relativ häufigen Erkältungen, weiterhin Angina, Magen-Darm-Infekte, Herpes oder auch Karies, von der etwa die Hälfte der Erstklässler bereits betroffen sind,
- ***Übergewicht*** und sogar Adipositas, also starkes Übergewicht, als zunehmendes Problem Essstörungen, besonders bei Mädchen,
- ***psychosomatische Beschwerden*** wie Kopf-, Rücken- und Bauchschmerzen, Schlafstörungen, Appetitlosigkeit, Schwindel, Müdigkeit sowie psychische Symptome wie Gereiztheit, Nervosität, Ängstlichkeit und allgemeines Unwohlsein,
- Konsum ***psychoaktiver Substanzen:*** bei Jugendlichen steht Alkohol an erster Stelle, gefolgt von Tabak und Marihuana bzw. Haschisch,
- ***Unfälle***, relativ häufig besonders bei männlichen Jugendlichen.

Die Schule hat den Auftrag zur Gesundheitserziehung. Obwohl dies der gesamten Schule aufgegeben ist, kommt der Biologie als Leitfach eine besondere Rolle zu. Die Themen gehen aber über Biologie hinaus. Eine fächerverbindende Zusammenarbeit sollte vor allem mit den Fächern Gemeinschaftskunde und Sport sowie weiterhin mit Chemie, Physik und Religion/Ethik gesucht werden.

Konzepte

Das Vorgehen bei der Gesundheitserziehung kann sehr unterschiedlich sein. Akzentuierend lassen sich vier Konzepte hervorheben: Abschreckung, Aufklärung, Risikoinformation und Lebensweise. Abschreckung kann einerseits Abwehr und Verdrängung auslösen, zeigt in anderen Fällen aber Wirkung. Aufklärung und Risikoinformation setzen auf Wissen und Selbstbestimmung. Zweifel bleiben, ob die Kluft zur Haltung und zum Handeln überwunden werden kann. Eine gesundheitsfördernde Lebensweise als Vorbild sowie die Auseinandersetzung mit sich selbst gelten als vielversprechend.

Konzepte der Gesundheitserziehung

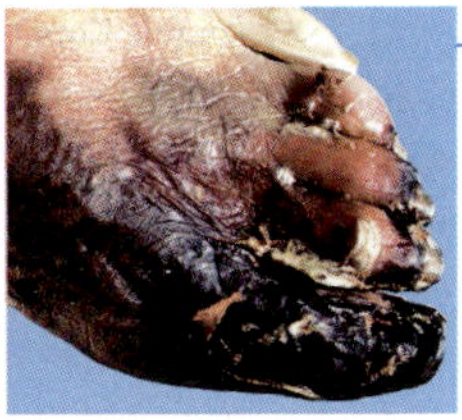

Abschreckung. Durch schockierende Texte oder Bilder werden Affekte und emotionale Betroffenheit hervorgerufen.

Aufklärung. Vermittlung von Organkenntnis, Gesundheits- und Krankheitswissen sowie die Gefahren bestimmter Verhaltensweisen

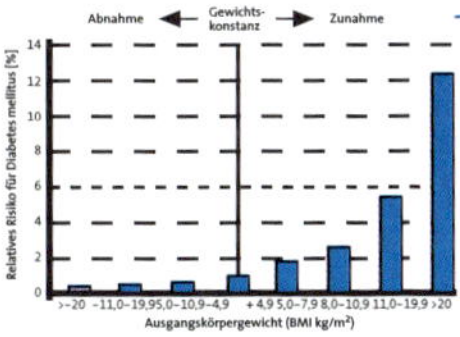

Risikoinformation. Information über Verhaltensweisen, die als Risikofaktoren gelten, in einem Zeitraum eine bestimmte Krankheit zu erleiden

Lebensweise. Gesundheitsfördernde Lebensweisen in der Schule erfahrbar machen und Stärkung der Selbstkompetenz

Schwerpunkte der Gesundheitserziehung

Hygiene, Zahngesundheitspflege
Keimtheorie der Krankheit, Infektionen, Immunsystem

Ernährungserziehung
Verdauungssystem, Nahrungsqualität

Sexualerziehung, AIDS-Prävention
Fortpflanzungssystem, Sexualbiologie, Infektionen, Immunsystem

Suchtprävention
Nervensystem, Neurobiologie

Erste Hilfe
Blutkreislauf, Atmung, Verletzungen, Verbrennungen, Vergiftungen

Sport und Bewegungserziehung
Skelett, Muskulatur, Nervensystem

Legende: **Schwerpunkte** / biologische Grundlagen

Konzepte der Gesundheitserziehung und -förderung

Gesundheitsbezogenes Lernen in der Schule betrifft in fachdidaktischer Perspektive die Konzepte der Gesundheitserziehung und der Gesundheitsförderung. Umgesetzt werden beide Konzepte in einer gesundheitsfördernden Schule.

Gesundheitserziehung: Die Sorge um die Gesundheit und die gesundheitsrelevanten Verhaltens- und Lebensmuster der Heranwachsenden führt zunächst zur Gesundheitsvorsorge oder -prävention. Dafür stehen Vorsorgeuntersuchungen in Schulen u. a. durch den Schulzahnarzt. Darüber hinaus ist Gesundheitserziehung Teil des Bildungs- und Erziehungsauftrags der Schule. Sie soll informieren, motivieren und überzeugen. Obwohl sie der gesamten Schule aufgegeben ist, kommt der Biologie als Leitfach eine besondere Rolle zu. Biologielehrkräfte sollten über die nötige Sachkompetenz verfügen, wenn es z. B. um Infektionskrankheiten, Vergiftungen, Fehlernährung, Übergewicht oder Stress geht. Biologieunterricht kann zudem allein dadurch gesundheitserzieherische Wirkung entfalten, dass an gesunden, funktionierenden lebendigen Systemen die Faszination des Lebendigen erfahrbar wird.

Gesundheitsförderung soll zu verantwortlichen Entscheidungen im Zusammenhang mit Gesundheit befähigen, indem die Personen ihre Stärken und Fähigkeiten entwickeln. In der Schule soll eine allgemeine Lebenskompetenz gefördert werden. Dabei geht es um das Vorleben, Gewöhnen und Einüben in Bezug auf Verhalten, das der Erhaltung und Verbesserung der eigenen Gesundheit dient. Gesundheitsförderung wird von der Einsicht geleitet, dass die spezifischen wirtschaftlichen, ökologischen, sozialen und kulturellen Bedingungen maßgeblich das menschliche Verhalten mitbestimmen. Entscheidungen für oder gegen ein gesundheitsbezogenes Verhalten sind daher immer durch die Lebensgeschichte und den Lebenszusammenhang des Einzelnen geprägt.

Gesunde Schule heißt das Konzept, den Arbeitsplatz und Lernraum Schule als gesundheitsfördernden Lebensraum zu gestalten. Wirksame gesundheitsförderliche Verhältnisse sind systematisch im Hier und Jetzt zu schaffen und nicht erst in einer fernen Zukunft. Eine gesundheitsförderliche Schul- und Lernkultur ist konkret und positiv zu entwickeln. Beispiele dafür sind: gesundheitsgerechte Gestaltung von Schule, Klassenraum und Pausenhof, körpergerechte Sitzmöbel, gesunde Ernährung und Hygiene sowie eine Lernkultur. Die Betroffenen sind dabei zu Beteiligten zu machen. Die Förderung des Einzelnen in der Schule ist außerdem die Grundlage für den individuellen Prozess der Persönlichkeitsbildung und Kompetenzentwicklung. Dieser emanzipatorische Prozess zielt ausdrücklich auf ein schrittweise höheres Maß an Selbstbewusstsein und Selbstbestimmung. Mit einer so gestärkten Persönlichkeit sind verantwortliche Entscheidungen über die eigene Gesundheit und darüber hinaus möglich – auch in Abgrenzung von der Bezugsgruppe gleich alter Jugendlicher. Hier zeigt sich die fächerübergreifende Aufgabe der Gesundheitsförderung besonders deutlich.

Gesundheitsbezogenes Lernen

Gesundheitserziehung	Gesundheitsförderung
Störungsfreie Organfunktionen	Organismus als System
(Pathenogenese) Krankheitswissen	Gesundheitswissen (Salutogenese)
Risikovermeidung	Stärkung persönlicher Kompetenzen
Verhalten, das der eigenen Person förderlich ist	Verhältnisse, die der Gesundheit aller Beteiligten förderlich sind
Normierte Verhaltensbewertungen	Selbstbestimmung

Das Haus der „gesunden Schule“

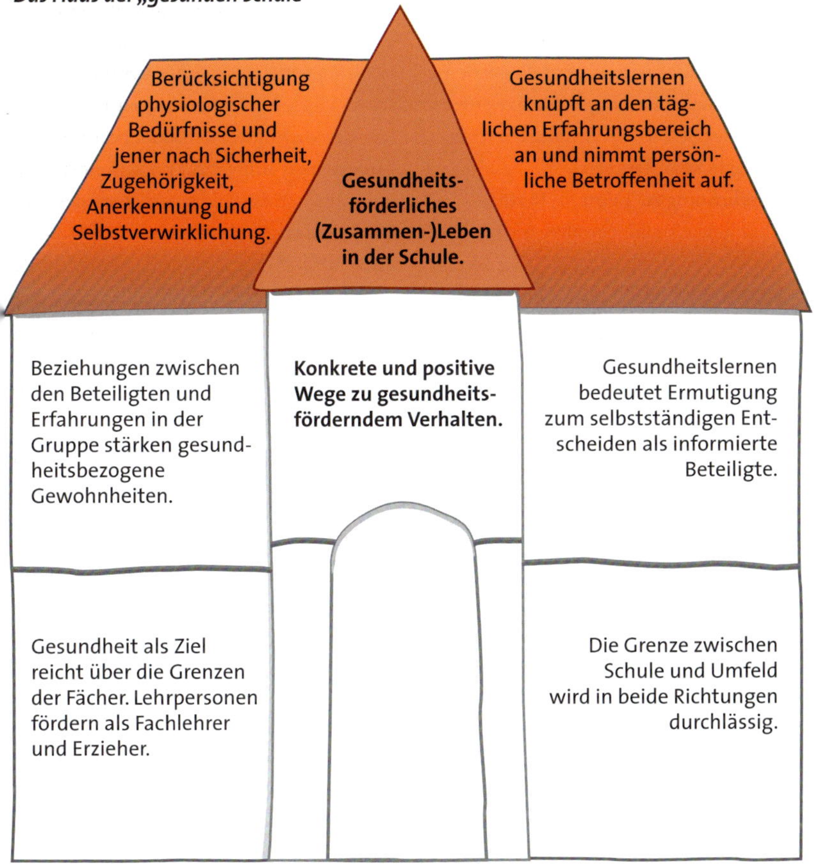

Sexualerziehung

Sexualität ist ursprünglich ein biologisches Phänomen, das bei Pflanzen, Tieren und beim Menschen die zweielterliche Fortpflanzung ermöglicht und damit Vielfalt und Individualität der Nachkommen (Variabilität) bewirkt. Wie ein Mensch Sexualität erlebt, hängt außer von seiner biologischen Konstitution entscheidend von seiner Erziehung und Lebenssituation sowie von verinnerlichten gesellschaftlichen Normen ab.

Bewertungsmaßstäbe

Für das Sexualverhalten können ethische Mindeststandards bzw. grundlegende Bewertungsmaßstäbe eingefordert werden:

- *Recht* auf Selbstbestimmung (in sozialverträglichem Rahmen),
- *Verpflichtung* zu Toleranz, Partnerschaftlichkeit und Gewaltverzicht,
- *Respekt* vor Verschiedenheit (Geschlechterrollen/Gender)
- *Verantwortungsbewusstsein* bezüglich einer möglichen Elternschaft (Empfängnisverhütung und Familienplanung).

Ziele und Aufgaben

Schulische Sexualerziehung gehört zum Erziehungsauftrag der Schule und hat daher einen öffentlich zu verantwortenden Charakter. Sie soll Wissensunterschiede zwischen den Lernenden ausgleichen und sowohl ungünstigen Einflüssen auf das Sexualverhalten (u. a. durch Medien wie Fernsehen und Internet) und lustfeindlichen Normen in der Erziehung entgegenwirken. In einer pluralen Gesellschaft ist es nicht Aufgabe der Schule, strittige Normen verpflichtend zu machen (Indoktrinationsverbot). Die Lernenden sollen sich mit verschiedenen Auffassungen auseinandersetzen und zu einer verantworteten persönlichen Haltung gelangen können. Dabei sollten die begrenzten Möglichkeiten der Schule und die spezifischen Aufgaben des Biologieunterrichts bedacht werden. Die Realisierung von Sexualerziehung in der Schule sollte bei der Qualifizierung der Lehrkräfte anfangen.

Methoden

Der gesamte Unterricht zum Thema Sexualität soll möglichst viele Anstöße zum sozialen Lernen geben (schülerzentrierte Unterrichtsformen). Unterrichtsgespräche (Klassen-, Gruppen- und Partnergespräche) sind hier die wichtigste Methode. Leistungsanforderungen sollten zugunsten einer entspannten Lernsituation zurücktreten.

Emotional ansprechende Medien (Fotos, Comics, Texte, Poster, Popmusik, Filme, Videomitschnitte) können Betroffenheit erzeugen, Gespräche über eigenes Handeln direkt anstoßen.

Elternarbeit

Bei den Eltern sollte Verständnis dafür geweckt werden, dass familiale und schulische Sexualerziehung unterschiedliche Aufgaben haben und einander ergänzen müssen. Die Tatsache, dass einige Eltern Sexualerziehung aus religiösen oder anderen kulturellen Gründen boykottieren, ist ein ungelöstes Problem. Auf jeden Fall sollte die vorgeschriebene Unterrichtung der Eltern über das, was in Sexualerziehung geplant ist, nicht als lästige Pflicht verstanden, sondern als Chance zur Zusammenarbeit genutzt werden (u. a. bei Elternabenden).

Aufgaben und Themen

Sexualerziehung im Biologieunterricht

Biologie von Sexualität und Individualentwicklung

Bereitstellen von Wissen
Ausgleich von Wissensunterschieden

- Geschlechtsorgane, Zeugung, Schwangerschaft und Geburt
- Entwicklung: Embryo, Kindesalter, Pubertät
- Sexualhormone, weiblicher Zyklus
- Individualität, Geschlechtsmerkmale, Inter- und Transsexualität

Probleme der Fortpflanzung

Vermeiden von Belastungen und Risiken

- Empfängnisregelung
- Schwangerschaftsabbruch,
- Kinderwunsch, In-Vitro-Fertilisation

Gesellschaftlich bedingte Wertungen von Sexualverhalten

Kompensation einseitiger Sichtweisen

- Tabuisierung, Diskriminierung
- Leistungsprinzipien, Schönheitsideale
- Reizüberflutung, Kommerzialisierung, Werbung

Sexuelles Erleben

Aufgeklärtes und angstfreies Umgehen mit sexuellen Phänomenen

- Sexuelle Lust und Ängste
- Nacktheit, Körpersprache
- Selbstbefriedigung, Geschlechtsakt
- Hetero-, Bi- und Homosexualität
- Sexualität und Gewalt

Geschlechterrollen

Akzeptanz von und Respekt vor Verschiedenheit

- Sexuelle Partnerschaft, geschlechtstypische Verhaltensweisen
- Emanzipation und Gleichstellung, Gender
- Sexualität im Alter

Wörter und Sprachmuster

Reden über Sexualität erleichtern

- Sexuelle Fachsprache und Umgangssprache
- Texte zur Kommunikation über Sexualität
- Sexuelle Diskriminierung durch Sprache

Friedenserziehung: Beitrag zur Ideologiekritik

Das Wort Frieden bezeichnet in der Umgangssprache weit mehr als die Abwesenheit von Krieg und direkter Gewalt. Frieden meint auch die Abwesenheit von struktureller Gewalt, die Verwirklichung von sozialer Gerechtigkeit, Mit- und Selbstbestimmung und Solidarität. Biologieunterricht kann wesentliche Beiträge zur Friedenserziehung leisten. Falsche, missverständliche oder biologistisch überzogene Vorstellungen zu Sachverhalten wie Aggression, „Menschenrassen" oder Ausländerfeindlichkeit können geklärt und korrigiert werden.
Ideologiekritik ist ein wesentliches Element von Friedenspädagogik: Bewusstmachen von Ideologien und deren Funktion als Legitimationsinstrumente von herrschenden Strukturen. Mikrobiologische Erkenntnisse können z. B. sowohl segensreich zur Heilung von Krankheiten entwickelt und eingesetzt als auch zur Herstellung von biologischen Waffen missbraucht werden.

Biologische Kenntnisse

In öffentlichen Diskussionen und sozialwissenschaftlich bestimmten Unterrichtsentwürfen werden biologische Sichtweisen weitgehend vernachlässigt. Andererseits werden in der Öffentlichkeit biologisch bestimmte Argumente häufig so vorgetragen, dass sie im Gegensatz zu den Zielen der sozialen Gerechtigkeit und der Gewaltfreiheit stehen. Solche Aussagen betreffen Ideologien und den biologistischen Missbrauch biologischer Aussagen.
Biologismus zeigt sich sowohl in Aussagen zur Aggressivität wie auch zur genetischen Ungleichheit der Menschen (z. B. zur Friedensfähigkeit des Menschen und zu Verhaltensunterschieden von „Rassen"). Der Biologieunterricht hat hier die Aufgabe, unangemessene Vorstellungen zu biologischen Sachverhalten besonders dann zu klären und zu korrigieren, wenn diese das friedliche Zusammenleben von Menschen gefährden (z. B. bei Ausländerfeindlichkeit, Rassenvorurteilen, Ablehnen von Behinderten und Alten, Eugenik, Fixierung von bestimmten Geschlechterrollen). Die genannten Themen verlangen, dass die biologischen Inhalte eng verknüpft mit emotionalen und ethischen Fragen unterrichtet und Ergebnisse mehrerer Wissenschaften im Unterricht berücksichtigt werden.

Friedensrelevante Lernprozesse

Ziele und Methoden des Unterrichts sollen einander entsprechen. Direktive und repressive Unterrichtsmaßnahmen widersprechen daher nicht nur den pädagogischen Zielen, sondern können sich als strukturelle Gewalt sogar so auswirken, dass sie an die Stelle der friedenserzieherischen Ziele treten. Schule kann potenziell als ein Ort struktureller Gewalt durch verschiedenste Faktoren (Erziehungsstil, Siebungsfunktion, Schulbauarchitektur) auch an der Entstehung von Gewaltverhältnissen beteiligt sein. Sichtbar wird dies z. B. im sogenannten Schulvandalismus. Friedenserziehung erfordert Unterrichtsformen, bei denen die Lernenden möglichst selbsttätig und mitbestimmend beteiligt sind, so dass sie vom Verhalten und Urteil der Lehrenden unabhängig sind. Die hierfür angemessene Sozialform ist die sich selbst organisierende Lerngruppe.

Biologiebezogene Unterrichtsthemen in der Friedenserziehung

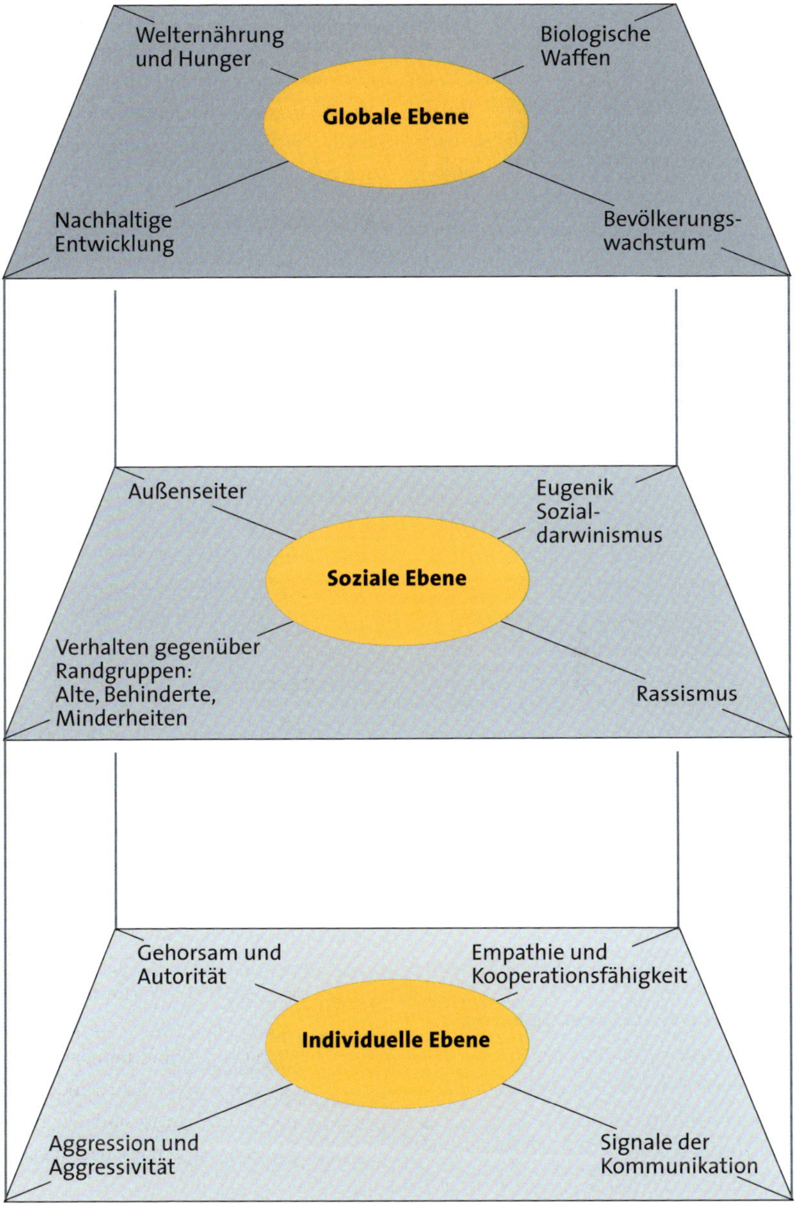

Umwelterziehung: Nachhaltige Entwicklung

Ziel der Umwelterziehung ist es, Menschen zu einem verantwortungsbewussten und schonenden Handeln gegenüber der Natur zu motivieren und zu qualifizieren und damit eine wichtige Grundlage für eine nachhaltige Entwicklung im Sinne der Agenda 21 zu schaffen. Dabei sind neben den ökologischen auch ökonomische und soziale Faktoren zu beachten. Entscheidende Fragen sind, wie Menschen Natur und Umwelt wahrnehmen und erleben, ob und welches Wissen sie sich aneignen, ob sie sich von der Umweltsituation betroffen fühlen, ob sie Verantwortung für adäquates Handeln sich selbst oder anderen zuschreiben und die entsprechenden Handlungskompetenzen haben. Umwelterziehung ist sowohl Unterrichtsprinzip als auch Themenbereich des Biologieunterrichts. Dies gibt Spielraum für fächerübergreifende wie fachspezifische Bearbeitung von Umweltthemen.

Naturverständnis

Man kann sieben Weisen, die Natur zu verstehen, unterscheiden:

1. die ***benötigte Natur*** (Lebensgrundlage des Menschen),
2. die ***geliebte Natur*** (artgerechter Umgang mit Pflanzen und Tieren, Pflege der Landschaft),
3. die ***verehrte Natur*** (religiös-kultische Naturbegegnung),
4. die ***erlebte Natur*** (emotionale, einfühlsame Wahrnehmung),
5. die ***beherrschte Natur*** (Umgestaltung zur Nutzung),
6. die ***bedrohte Natur*** (Naturzerstörung als Ökokrise),
7. die ***gelebte Natur*** (Natur als Lebenszusammenhang, der Mensch ist zugleich Teil und Gegenüber der Natur).

Dem Naturverständnis kommt für das Konzept der Nachhaltigkeit eine zentrale Bedeutung zu.

Naturerleben, wie auch die Termini Naturerfahrung, Naturbegegnung, Naturbeziehung meinen eine intensive Zuwendung zu Lebewesen oder Landschaften.

Umweltwissen wird als Kenntnis von Arten, ökologischen Zusammenhängen, Umweltproblemen, Umweltschutz, kommunalen oder gesellschaftlichen Aspekten umschrieben. Man unterscheidet Wissen über Fakten, Ursachen sowie Verfahren und Strategien. Mit der Vermittlung von Wissen werden nicht automatisch positive Umwelteinstellungen bewirkt. Umweltwissen ist eine notwendige, aber keine hinreichende Bedingung für Umwelthandeln.

Umweltbewusstsein betrifft Einstellungen und Werthaltungen gegenüber Natur und Umwelt und auch zu Umweltzerstörung und Umweltschutz.

Umwelthandeln. Zwischen Umweltwissen, -bewusstsein und -handeln besteht eine vielfach belegte Kluft. Die Bereitschaft zum umweltbewussten Handeln ist zwar im Allgemeinen relativ hoch, sie lässt aber keinen direkten Schluss auf das tatsächliche Handeln zu. Umweltgerechtes Handeln ist das Ergebnis komplexer Prozesse, in denen kognitive und affektive, soziale, ökonomische und politische Faktoren zusammen wirken.

Biologiebezogene Themenaspekte in der Umwelterziehung

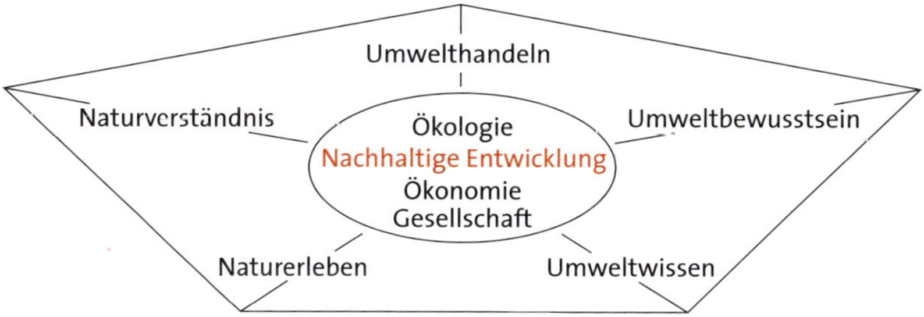

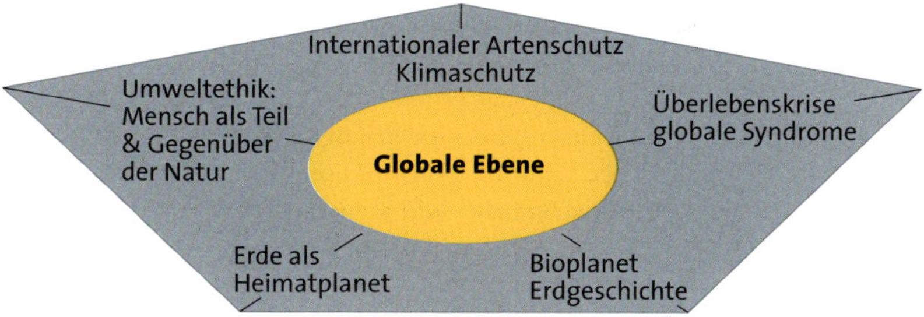

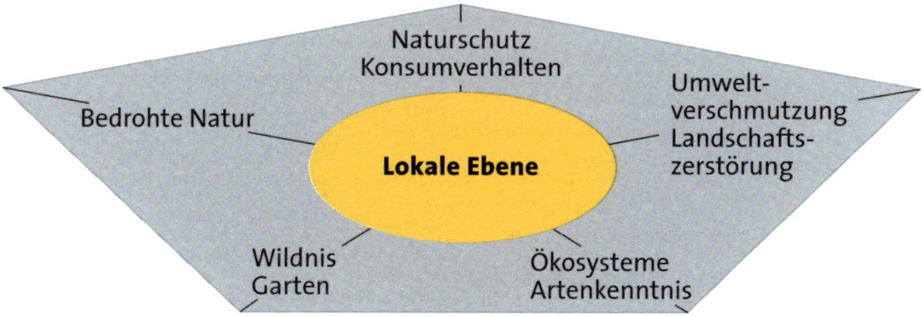

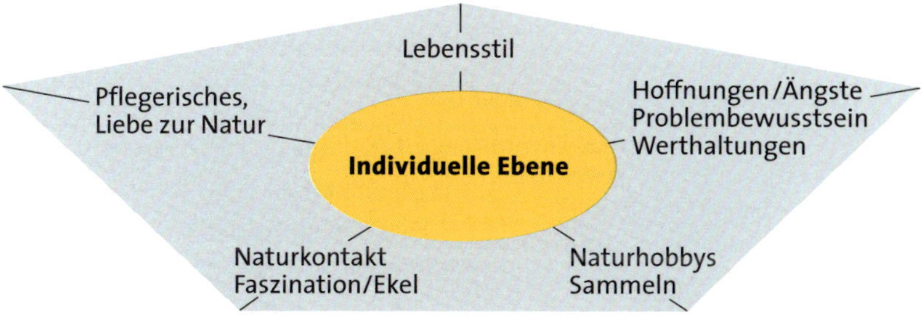

Lernende

Biologieunterricht muss von den Lernenden ausgehen – diese Position charakterisiert eine der didaktischen Grundüberzeugungen des schülerorientierten Unterrichts. Lernende kommen nicht als unbeschriebene Blätter in den naturwissenschaftlichen Unterricht. Sie bringen vielmehr das, was sie bisher gelernt haben, in unterschiedlicher Weise als Fähigkeiten mit. Die Fähigkeiten umfassen Faktenwissen, Fertigkeiten, Verständnisse und Kompetenzen. Lernende sind in ebenso unterschiedlicher Weise motiviert, sich mit dem Lerngegenstand auseinanderzusetzen – abhängig von ihren Interessen, Emotionen und Sinnbedürfnissen. Fähigkeiten und Motivation sind zentrale Lernvoraussetzungen.

Lernprozess

Lernen ist ein aktiver Prozess, der nur vom Lernenden geleistet werden kann. Lernen kann man als Auf- und Umbauen verstehen – als konstruktiv (konstruktivistisches Verständnis vom Lernen). Lernen kann weder beigebracht noch angetan werden. Lernen kann nur jeder selbst, und zwar ausgehend von den jeweils verfügbaren Fähigkeiten (Vorwissen, Vorstellungen, Motivation).

Schon allein eigenes Nachdenken kann zum Lernen führen. Aber das Meiste, was wir gelernt haben, verdanken wir sozialen Formen des Lernens: der Nachahmung, der Zusammenarbeit und dem Unterricht. Bei jeder dieser Formen des Lernens ist gedankliche Arbeit notwendig, wenngleich nicht hinreichend. Beim Unterricht sind die Lernangebote bzw. Lernumgebungen als Lernbedingungen mehr oder weniger förderlich. Entscheidend für das Lernen sind die Qualität, aber vor allem auch die Passung der Lernangebote mit den verfügbaren Fähigkeiten, sowie die echte Lernzeit. Das so erarbeitete, noch vorläufige Lernergebnis ist ein mehr oder weniger dauerhafter Teil der verfügbaren Fähigkeiten. Vieles wird erst durch Wiederholen, Üben, Festigen und Anwenden dauerhafter Teil unserer Fähigkeiten.

Biologisches Verständnis ist sehr unterschiedlich verteilt. Je nach Interesse und Erfahrung sind einige weiter als andere: Ornithologen oder Aquarianer verstehen mehr von Vögeln oder Fischen als manche Molekularbiologen. Vollständiges biologisches oder gar naturwissenschaftliches Verständnis (Scientific Literacy) ist von einem heutigen Menschen kaum zu erreichen.

Zur Einschätzung und Beurteilung des biologischen Verständnisses können Stufen gebildet oder Schwellen eingezogen werden, mit denen sich das Niveau beschreiben lässt. Eine solche Stufung des Verständnisses beginnt bei einem nominellen und endet beim multidimensionalen Verständnis. Alltagswissen ist häufig beschränkt auf ein nominelles Verständnis. Im Biologieunterricht wird oft nur ein funktionales Verständnis erreicht und kaum ein konzeptuelles und prozedurales. Das anspruchvollste Ziel ist ein multidimensionales Verständnis. Auf jeder dieser Stufen kann das Verständnis verbreitert werden. Biologielehrer können beispielsweise über breiteres Verständnis verfügen als Mikrobiologen. Deren Verständnis kann in ihrem Bereich wieder tiefer und besser organisiert sein.

Lernprozess

Qualität und Quantität der Lernangebote

Stufen biologischen Verständnisses

Multidimensionales Verständnis

Verstehen wesentlicher Konzepte und Theorien der Biologie sowie deren Anwendungen (Biotechniken). Geschichte und Wesen der Biologie kennen und Biologie im sozialen Kontext begreifen. Biologie und Biotechnik in Bezug setzen zu Natur- und anderen Wissenschaften.

Konzeptuelles und prozedurales Verständnis

Verstehen biologischer Konzepte in ihrem Verhältnis zum Theoriegebäude des gesamten Fachs und die Struktur der Biologie kennen. Erkennen, wie neue Erklärungen und Methoden entwickelt werden.

Funktionales Verständnis

Lesen und Schreiben von Texten mit biologischen Fachwörtern, die weitgehend auswendig gelernt sind. Verstehen von biologischen Fachwörtern in Tests, Zeitungen oder Fernsehsendungen.

Nominales Verständnis

Die lebendige Welt lebensweltlich begreifen. Erkennen, dass es sich bei einem Fachwort, einer Frage, einem Thema um etwas Biologisches handelt, aber wenig darüber wissen.

Vorstellungen

Vorstellungen sind Gedanken und Verständnisse zu einem Sachgebiet. Menschen können über bestimmte Vorstellungen verfügen, indem sie diese jeweils wieder ähnlich erzeugen. Solche Kognitionen lassen sich aus psychologischer Sicht als persönliche Konstrukte kennzeichnen. In der Kognitionspsychologie sind sie Teil des Wissens. In der didaktischen Literatur werden sie auch als Vorkenntnisse oder Lernvoraussetzungen bezeichnet. In neurobiologischer Sicht korrelieren Vorstellungen räumlich und zeitlich eng mit der Tätigkeit von miteinander verknüpften Neuronen. In erkenntnistheoretischer Perspektive (Konstruktivismus) ist die Vorstellungswelt sogar die einzige dem Individuum zugängliche Welt. Jeder lebt letztlich in der Welt seiner Vorstellungen.

Lebensweltliche Erfahrungen

Lernende verfügen bereits über Vorstellungen zu vielen Themen, wenn sie in den naturwissenschaftlichen Unterricht kommen. Ihre Vorstellungen entspringen basalen lebensweltlichen Erfahrungen und haben sich in der Lebenswelt bewährt. Sie unterscheiden sich allerdings meist deutlich von wissenschaftlichen Vorstellungen. Oft ignoriert der naturwissenschaftliche Unterricht diese Vorstellungen und versucht stattdessen, gleich die fachlich richtige Vorstellung zu lehren. Eine solche Vorgehensweise ist wenig erfolgreich. Sie entspringt einem verbreiteten Lehr-Lern-Irrtum: Gelehrt – und sei es fachlich noch so korrekt – ist noch lange nicht gelernt. Denn gelernt wird nur, was an verfügbare Vorstellungen anschlussfähig ist. Beim Lernen werden zunächst die bereits angelegten Verknüpfungsmuster unseres Gehirns aktiviert. Lernangebote müssen daher stets die verfügbaren Vorstellungen der Lernenden als Lernvoraussetzungen beachten.

Vorstellungsänderungen

Bei Lernprozessen ändern sich die Vorstellungen. Diese subjektiven gedanklichen Prozesse können weder aufgenommen noch weitergegeben werden. Sie können immer nur von den Personen selbst konstruiert oder erzeugt werden. Lehren ist dabei Anregung zum Lernen. Üblich ist die Konfrontation der Alltagsvorstellungen mit wissenschaftlichen Vorstellungen. Wenn dies zur Unzufriedenheit mit der Alltagsvorstellung führt, sind Lernende bereit, eine neue fachliche Vorstellung zu lernen. In vielen Fällen ist aber auch ein Anknüpfen an Alltagsvorstellungen und deren Veränderung möglich. Alltagsvorstellungen werden durch Lernen meist nicht durch wissenschaftliche Vorstellungen ersetzt, sondern es kommt zur Modifizierung und Bereicherung durch eine „Zweitsprache".

Alltagsvorstellungen zu biologischen Phänomenen sind also weniger Lernhindernisse, sondern vielmehr potenzielle Lernhilfen. Sie stehen zwar oft im Gegensatz zu wissenschaftlichen Erklärungen, trotzdem sind sie keine „Fehlvorstellungen" oder „misconceptions". Dies sind Bewertungen aus fachlicher Sicht. In lebensweltlichen Kontexten haben Alltagsvorstellungen eine situationsangemessene Funktion und sind aus dieser Sicht sinnvoll.

Vorstellungen zu einem Sachgebiet

Ein Apfel, der verfault

Die von 10- bis 15-jährigen Schülern genannten Gründe für das Verfaulen:

- **Alter**
- **Fraß, z. B. durch eine Kuh**
- **Mikroorganismen**
- **Luft, Sonne und Hitze**

Mit einer Ausnahme (Mikroorganismen) werden Alltagsvorstellungen genannt.

Die Vorstellungen sind divers und vielfältig, gleichzeitig aber überschaubar zu ordnen.

Bedingungen für Vorstellungswandel

Alltagsvorstellungen entspringen der Erfahrung und haben sich in der Lebenswelt bewährt.

Die alte Vorstellung bleibt weiter verfügbar. Alltagsvorstellungen sind zäh und widerständig gegen Veränderung.

Alltagsvorstellung
Der Apfel altert, wird schrumpelig und stirbt.

Lernprozess

Alltagsvorstellung
Der Apfel altert, wird schrumpelig und stirbt.

Wissenschaftsorientierte Vorstellung
Mikroben zersetzen den Apfel.

Die Grenzen der verfügbaren Vorstellungen erkennen:
Unzufriedenheit!
Motivation zum Umlernen!

Die neue fachliche Vorstellung muss **attraktiv** sein, also:
> **verständlich**
> **plausibel** und
> **fruchtbar.**

Die neue Vorstellung ist oft schwieriger als die Alltagsvorstellung zu verstehen, und sie bleibt meist der zweite Gedanke, zu dem man bei Bedarf wechseln kann.

Motivation: Interesse und Ekel

Beweggründe für individuelles Verhalten nennt man Motive. Dies können physiologische Bedürfnisse sein, wie Hunger oder Wärme. Es können aber auch psychische Bedürfnisse wie das Streben nach Kompetenz, Autonomie oder sozialer Anerkennung sein. Die Gesamtheit der Motive, die uns zu einer Handlung bewegen, nennt man Motivation. Soweit Lernen Handlung ist, bedarf es der Motivation – für den Beginn, die Ausrichtung und Regulierung.
Wenn beispielsweise individuelles Interesse, Neugier auf die Lerngegenstände oder die jeweiligen Gegebenheiten der Umwelt die Beweggründe sind, dann spricht man von intrinsischer (von innen kommender) Motivation. Bei äußerem Druck, wie Prüfungen, Drohungen oder Missachtung und bei Belohnungen spricht man dagegen von extrinsischer Motivation. Auch extrinsisch motivierte Handlungen können aber als selbstbestimmt erlebt werden.

Interesse

Menschen haben meist bestimmte Gegenstandsbereiche, die sie besonders beachten, denen sie sich immer wieder zuwenden, denen sie positive Gefühle und Wertschätzung entgegenbringen und die sie meist auch zu Handlungen anregen. Solche emotional positiv getönten, bedeutsamen und länger andauernden Person-Gegenstands-Beziehungen bezeichnet man als Interesse. Somit ist Interesse der gegenstandsorientierte, inhaltliche Aspekt der Motivation.
Lehrende sollten einen Lerngegenstand so präsentieren, dass eine situative Interessiertheit gefördert wird, denn situationales Interesse kann das Entstehen von persönlichem Interesse fördern. Zur dauerhaften Ausbildung dieser Disposition bedarf es weiterer Faktoren, wie Erleben von Kompetenz, Selbstständigkeit (Autonomie) und sozialer Eingebundenheit. Individuelles Interesse für einen bestimmten Gegenstand fördert effektives Lernen.

Ekel

Schweineaugen, Asseln, Spinnen, Frösche, ja selbst die eigene Spucke kann Abneigung, Angst und insbesondere Ekel hervorrufen. Solche Gefühle können die Hinwendung und den sachlichen Umgang mit dem Lerngegenstand verhindern. Ekelfreier Unterricht ist allerdings auch keine Lösung: Erfahrungen mit originalen Objekten wären eingeschränkt und wichtige Lernmöglichkeiten verschenkt. Ekel ist manchmal auch angebracht und nützlich, weil er uns beispielsweise vor gefährlichen Tieren oder Ungenießbarem warnt. Wenn aber das Objekt nicht gefährlich und unser Tun nicht verwerflich ist, dann können wir versuchen, mit unseren Gefühlen umzugehen. Wir können versuchen, unseren Ekel für eine bestimmte Zeitspanne abzuwehren, um in der Situation handlungsfähig zu bleiben. Dazu können drei Strategien eingesetzt werden: erstens stellvertretende Vorerfahrung, zweitens professionelle Haltung und drittens argumentative Positionen und technische Manöver. Der Ekel wird dadurch nicht abgebaut, aber viele – wenn auch nicht alle – können dann mit dem Ekel umgehen. Zudem kann das Gefühl auch zukünftig weniger intensiv erlebt werden.

Interesse

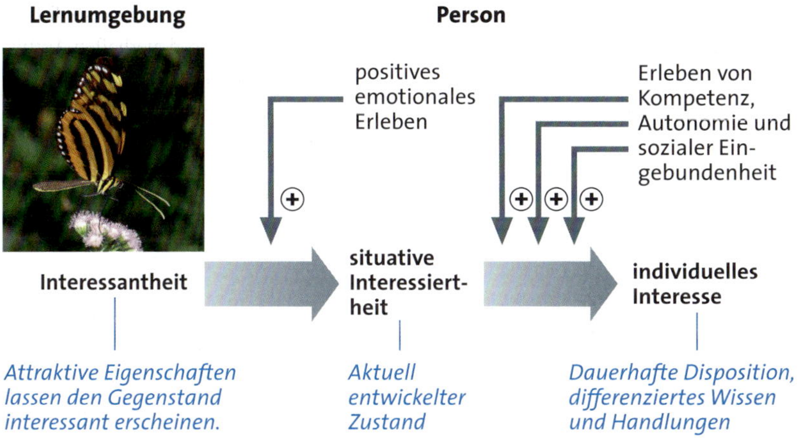

Umgang mit Ekel

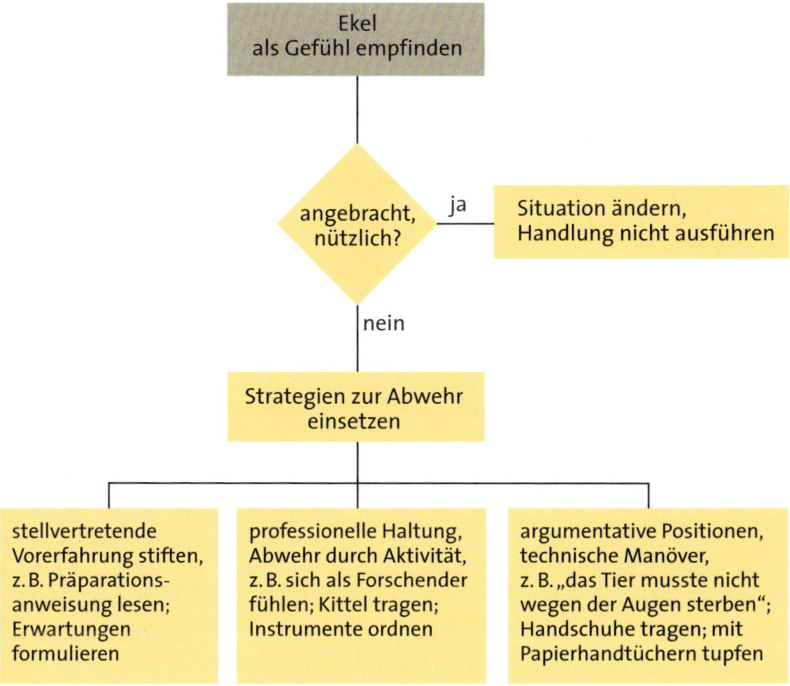

Biologielehrerbild

Wer Biologie lehren will, braucht ein Lehrerbild als Orientierung. Ein solches Leitbild gibt auch der Lehrerbildung Richtung und Zusammenhang. Dabei ist zwischen den allgemeinen und den fachbezogenen Aspekten des Berufsbildes zu unterscheiden. Die Kultusministerkonferenz unterstreicht folgende allgemeine Aspekte: Lehrkräfte

- sind Fachleute für das Lehren und Lernen. Die Kernaufgabe ist der Unterricht.
- haben eine Erziehungsaufgabe, eng verknüpft mit Unterricht und Schulleben.
- üben ihre Beurteilungs- und Beratungsaufgabe kompetent, gerecht und verantwortungsbewusst aus.
- entwickeln ihre Kompetenzen ständig weiter und nutzen Fort- und Weiterbildungsangebote.
- beteiligen sich an der Schulentwicklung, an der Gestaltung einer lernförderlichen Schulkultur und eines motivierenden Schulklimas.

Image

In der Öffentlichkeit werden Lehrer im Vergleich zu Ärzten oder Ingenieuren in geringerem Maße als Fachleute oder Experten angesehen. Selbst Lehramtsstudierende billigen Hausfrauen eher einen Experten-Status zu als Lehrern. Auf dem Hintergrund eines so schwach ausgeprägten professionellen Selbstverständnisses erscheint es nützlich, das Berufsbild auszuschärfen: Biologielehrkräfte sind Experten für das Lehren und Lernen von Biologie, d. h. für das Vermitteln und Aneignen von biologischem Wissen.

Berufsbild Biologielehrer

Biologielehrkräfte brauchen spezifisches Wissen und Kompetenzen:

- Im Zentrum steht die Kompetenz zur Gestaltung von Vermittlungs- und Aneignungsprozessen im Bereich der Biologie (biologiedidaktische Kompetenz).
- Das Wissen der Biologie, einschließlich ihrer Grundlagenfächer und Anwendungen, ist umfangreich und umfasst auch das fachliche Wissen über Wahrnehmen, Gefühle, Denken und Lernen (biologische Kompetenz).
- Als Hintergrund ist das Wissen über Biologie und Naturwissenschaften notwendig: Wissenschaftstheorie, Wissenschaftsgeschichte und die Biologie in unserer Gesellschaft (Metawissen über Biologie und Naturwissenschaften).
- Daneben stehen z. B. Umwelterziehung, Gesundheitserziehung und Sexualerziehung (fächerübergreifende Kompetenz).
- Die Vermittlung von Biologie erfordert eine Vielfalt von Unterrichtsmethoden: von Freilandarbeit und Pflege von Pflanzen und Tieren, Mikroskopieren, naturwissenschaftliches Beobachten und Experimentieren bis zu Textinterpretationen, Reflexion naturwissenschaftlicher Erkenntniswege und Einstimmen in Naturerleben (Methodenkompetenz).

Neben Wissen und Kompetenzen sind dabei auch persönliche Bereitschaften wichtig, die Voraussetzung für den Erfolg des Biologieunterrichts sind.

Berufsbild

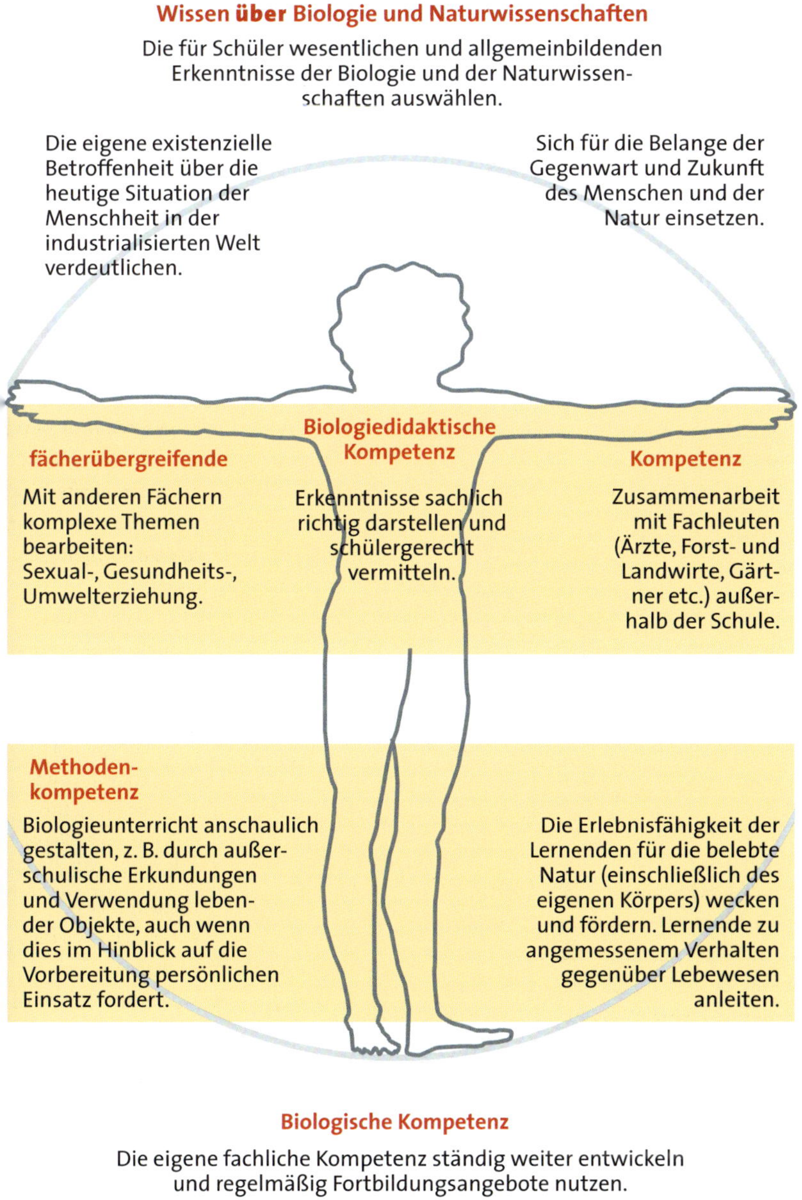
Wissen über Biologie und Naturwissenschaften
Die für Schüler wesentlichen und allgemeinbildenden Erkenntnisse der Biologie und der Naturwissenschaften auswählen.
Die eigene existenzielle Betroffenheit über die heutige Situation der Menschheit in der industrialisierten Welt verdeutlichen.
Sich für die Belange der Gegenwart und Zukunft des Menschen und der Natur einsetzen.
fächerübergreifende
Biologiedidaktische Kompetenz
Kompetenz
Mit anderen Fächern komplexe Themen bearbeiten: Sexual-, Gesundheits-, Umwelterziehung.
Erkenntnisse sachlich richtig darstellen und schülergerecht vermitteln.
Zusammenarbeit mit Fachleuten (Ärzte, Forst- und Landwirte, Gärtner etc.) außerhalb der Schule.
Methodenkompetenz
Biologieunterricht anschaulich gestalten, z. B. durch außerschulische Erkundungen und Verwendung lebender Objekte, auch wenn dies im Hinblick auf die Vorbereitung persönlichen Einsatz fordert.
Die Erlebnisfähigkeit der Lernenden für die belebte Natur (einschließlich des eigenen Körpers) wecken und fördern. Lernende zu angemessenem Verhalten gegenüber Lebewesen anleiten.
Biologische Kompetenz
Die eigene fachliche Kompetenz ständig weiter entwickeln und regelmäßig Fortbildungsangebote nutzen.

Lehrerbildung

Für die heutige Form der Lehrerbildung sind die in anderthalb Jahrhunderten politisch erkämpften Meilensteine zu benennen:

- Anstatt des Volksschulabschlusses ist das Abitur Zugangsvoraussetzung.
- Anstatt eines Lehrerbildungsseminars ist ein wissenschaftliches Hochschulstudium notwendig.
- Anstatt einer Meisterlehre bietet der Vorbereitungsdienst einen theoriegeleiteten Praxisbezug.
- Anstatt der geringen Bezahlung eines Volksschullehrers erfolgt die Übernahme in den gehobenen bzw. höheren Staatsdienst.

Phasen

In Deutschland wird die Lehrerbildung in Phasen der Kompetenzentwicklung unterteilt: universitäre 1. Phase, Vorbereitungsdienst als 2. Phase und Lernen im Beruf als 3. Phase. Die 1. und die 2. Phase bilden zusammen die Erstausbildung der Lehrkräfte. Weitere Unterscheidungen werden für die 3. Phase getroffen, wenn Berufseingangsphase, Fortbildung und gegebenenfalls Weiterbildung je eigene Funktionen zugewiesen werden. Mit der Errichtung eines europäischen Hochschulraums (Bologna-Erklärung 1999) wurde die 1. Phase in zwei Studienabschnitte mit den universitären Abschlüssen Bachelor und Master gegliedert. Die Lehrerausbildung hat aber wohl auch mit der heutigen Struktur kaum ihre endgültige Form gefunden.

Teil und Ganzes

Vier Teile universitärer Lehrerbildung werden als notwendig erachtet: Fachwissenschaft, Fachdidaktik, Grundwissenschaften (Erziehungs- und Gesellschaftswissenschaften, Psychologie) und praxisbezogene Studien. Die heute übliche Ausbildung für zwei Fächer zersplittert das Studium noch weiter. Studierende stehen vor der Schwierigkeit, ihren Ort an der Universität zu finden. Es wird ihnen überlassen, die Teile ihres Studiums zu einem Ganzen zu integrieren – eine Leistung, die den Universitäten weder konzeptionell noch organisatorisch gelungen ist. Am ehesten bieten sich noch die Fachdidaktiken als zentraler Ort der Lehrerbildung an. Die Berufswissenschaften für das Lehren und Lernen fachlichen Wissens sollten dazu ihre interdisziplinären Kompetenzen stärken und eine universitäre Wissenskultur entwickeln, die künftige Lehrer nachhaltig prägen kann.

Fächer

Durch die Kombination äußerst unterschiedlicher Studienanteile wird das Studium komplex. Einfacher wäre es, zunächst nur ein Fach zu studieren und damit eine Berufsbefähigung zu erreichen. In Deutschland sind aber mindestens zwei Fächer zu studieren. Deshalb stellt sich die Frage nach einer günstigen Fächerkombination. Dabei sollten persönliche Neigungen, Einstellungschancen aber auch Bezüge der Biologie zu anderen Bereichen abgewogen werden. Die häufig empfohlene Kombination Biologie/Chemie ist für den Unterricht in der gymnasialen Oberstufe günstig. Besonders in der Sekundarstufe I kann ein nicht-naturwissenschaftliches zweites Fach helfen, biologische Themen unter verschiedenen Gesichtspunkten zu vermitteln.

Heutiger Weg der Lehrerbildung

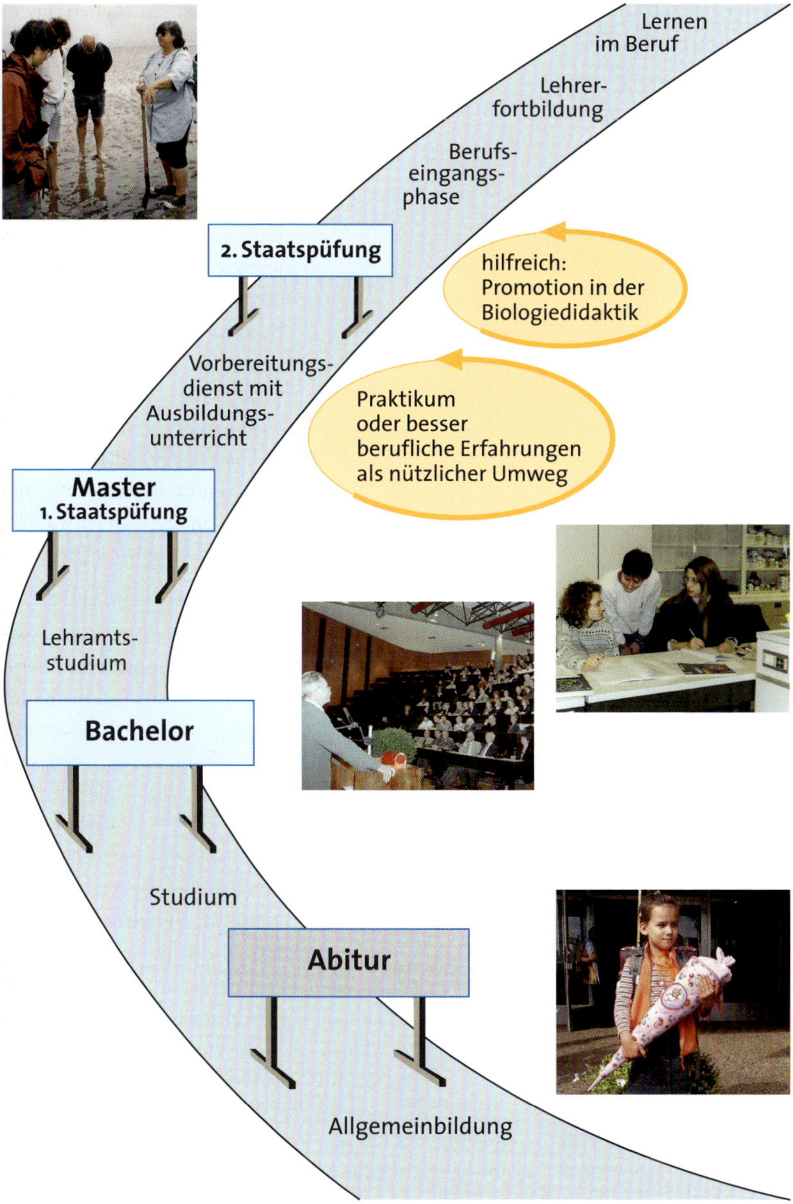

Unterrichtsplanung

Bei der Unterrichtsplanung werden die Bedingungen des zu gestaltenden Unterrichts geklärt und Entscheidungen über Ziele, Inhalte und Methoden getroffen. Unterrichtsplanung geschieht in der Absicht, einen fruchtbaren Lehr-Lernprozess gedanklich zu skizzieren. Planung als Tätigkeit ist zu unterscheiden vom Plan als Ergebnis. Der Prozess des Entwerfens führt zum Unterrichtsentwurf.

Unterrichtsplanung und Unterrichtsvorbereitung werden oft so verwendet, als seien sie gleichbedeutend. Aber die Vorbereitung des Unterrichts geht über die Planung hinaus. Gerade für Biologieunterricht müssen Materialien hergestellt, der Arbeitsraum hergerichtet oder ein Exkursionsort erkundet werden. Selbst die mentale Beschäftigung mit der Unterrichtsstunde sowie die Suche nach aktuellen Bezügen in den Medien oder das Fachgespräch mit Kollegen ist Teil der Unterrichtsvorbereitung.

Planungsaufgaben

Wegen der vielen zu beachtenden Fragen und der wechselseitig von einander abhängigen Entscheidungen gibt es keine Vorschrift zum Vorgehen bei der Unterrichtsplanung. Aber es lassen sich wichtige Planungsaufgaben unterscheiden und in Beziehung setzen:

- Erste Überlegungen dienen dazu, den Überblick zu behalten, die Relevanz des Themas zu begründen, die vorhandenen Mittel zu sammeln und die wichtigsten Punkte festzuhalten.
- Zielfindung setzt Kenntnis und Beachtung der Lehrpläne voraus, lässt aber auch Raum für schul-, klassen- und personenspezifische Entscheidungen.
- Schulische Voraussetzungen müssen als Randbedingungen berücksichtigt werden, z. B.: Welche biologischen Standorte sind lohnend und erreichbar? Stehen Fachräume und Doppelstunden für experimentelles Arbeiten zur Verfügung? Wie ist die Sammlung ausgestattet?
- Bei der Didaktischen Rekonstruktion wird dann ein Weg gesucht, wie die Lernenden mit ihren verfügbaren Vorstellungen und Fähigkeiten die fachlich geklärten Grundlagen verstehen können. Didaktische Strukturierung ist das Suchen nach gangbaren Lernwegen und Hilfen für das Überwinden von Lernhindernissen.

Rekursives Vorgehen

Auch wenn die Pfeile der Abbildung eine lineare Abfolge nahe legen, können die einzelnen Planungsaufgaben jeweils nur soweit vorangebracht werden, wie es die Abhängigkeiten von den anderen Planungsaufgaben erlauben. Um zu einem stimmigen Ergebnis zu kommen, werden die Aufgaben abwechselnd entsprechend (weiter-)bearbeitet. Das Schema ist besonders geeignet, die Unterrichtsplanung für Biologiestunden in Ausbildungs- und Prüfungssituationen zu leiten und schriftliche Unterrichtsentwürfe zu gliedern.

Gute Unterrichtsplanung trägt zur Verbesserung des Unterrichts bei und kann Lehrenden etwas von ihrer Unsicherheit nehmen. Nicht zuletzt kann sie auch zu einem besseren Verständnis des Unterrichtsprozesses führen.

Schema zur Unterrichtsplanung

Erste Überlegungen zum Unterrichtsthema
- Sammeln von Unterrichts-Ideen, -Entwürfen und -Materialien
- Abstecken des Feldes; didaktische Begründung des Themas
- vorläufige Festlegung des Unterrichtsthemas

Zielfindung
- Lehrpläne heranziehen
- Handlungsspielräume bestimmen und begründete eigene Ziele formulieren
- Kompetenzen und Kontexte auswählen

Schulische Voraussetzung berücksichtigen
- soziales und ökologisches Umfeld
- Klassengröße
- Unterrichtszeit, -räume
- Medienausstattung
- (besondere) Fähigkeiten der Lehrkraft

Fachliche Grundlagen klären
- Aneignung des biologischen Wissens zum Thema
- kritische Analyse der Theorien, Methoden und Termini unter Vermittlungsabsicht

Lernerperspektiven berücksichtigen
vermutete oder im Unterricht zu erhebende Vorstellungen, Einstellungen, Werthaltungen, Kompetenzen und Fertigkeiten der Lernenden

Didaktische Rekonstruktion

Didaktische Strukturierung
- didaktische Begründungen
- Entwerfen einer Unterrichtseinheit unter Berücksichtigung der Ziele, Voraussetzungen, Lernerperspektiven und fachlichen Grundlagen

Unterrichtsentwurf

Das schriftlich fixierte Ergebnis der Unterrichtsplanung wird Unterrichtsentwurf genannt. Eine andere Bezeichnung dafür ist „schriftliche Unterrichtsvorbereitung". In seiner Hochform, die vor allem in Prüfungssituationen von Bedeutung ist, kann der Unterrichtsentwurf zehn und mehr Seiten umfassen. Ein Unterrichtsentwurf ist nützlich, weil er die Gedanken klärt, Entscheidungen festhält und für die Nachbesinnung zugänglich macht. Für zukünftigen Unterricht kann der dokumentierte Unterrichtsentwurf immer wieder herangezogen werden und Kollegen bei der Planung ihres eigenen Unterrichts helfen.

Unterrichtsentwürfe sind Lösungen von Qualifizierungsaufgaben auf dem Weg zum professionellen Lehrer. Unterrichtsbeobachtern und Ausbildern verschafft der Unterrichtsentwurf notwendige Informationen über die Qualität der Planung und ist Grundlage des gemeinsamen Auswertungsgesprächs. Weiterhin wird mit dem Unterrichtsentwurf auch eine formale Forderung in Ausbildungs- und Prüfungssituationen erfüllt, die selbst Gegenstand der Benotung sein kann.

Praxis

Allerdings kann nicht jede Unterrichtstunde so aufwändig geplant und vor allem dokumentiert werden, wie sich das in den Überschriften der Hochform des Unterrichtsentwurfs andeutet.

Die Minimal-Version des Unterrichtsentwurfs ist dann die (Unterrichts-)Verlaufsskizze mit Stundenthema, Klasse und Datum, Zielen sowie den Arbeitsblättern und Informationsmaterialien.

Verlaufsskizze

Während im Entwurf die Beschreibung von Bedingungen und die Begründung von Entscheidungen im Mittelpunkt stehen, geht es bei der Skizze des geplanten Unterrichtsverlaufs um die Gestaltung des Unterrichts. Die Verlaufsskizze ist eine Gedächtnisstütze und Orientierungshilfe während des Unterrichtens und kann manchmal auch zu einem Rettungsring werden. An die Verlaufskizze sind daher vor allem zwei Forderungen zu stellen: Sie soll prägnant und übersichtlich sein. Vor allem Tabellen, aber auch Grafiken, werden diesen Forderungen gerecht. Die hier dargestellte Tabellenform hat sich bewährt. Nützlich ist die Gliederung des Unterrichts durch Unterrichtsschritte mit Angabe der geplanten Zeitpunkte für deren Beginn und Ende. Auch wenn es kaum einmal gelingt, den Zeitplan exakt einzuhalten, spricht dies nicht gegen eine Zeitplanung. Der Zeitplan soll das Ausufern einzelner Unterrichtsphasen aber nicht das Ergreifen von Lerngelegenheiten verhindern. Die Spalte mit den Handlungsmustern sollte zentrale Anweisungen, Aufforderungen, Denkanstöße oder Impulse im Wortlaut enthalten, ebenso wie das zu erwartende Schülerverhalten. Indem jeweils unterschiedliche Reaktionen der Lernenden erwogen werden, kann die Lehrperson flexibler reagieren. In der Spalte zu den Sozialformen zeigt sich auf den ersten Blick, ob die Stunde abwechslungsreich gestaltet ist. Mit der Auflistung der Medien lässt sich jederzeit überprüfen, ob alle Unterrichtshilfen vorhanden, vorbereitet und geordnet sind.

Unterrichtsentwurf

Thema der Stunde bzw. der Unterrichtseinheit

Viola Blume
Comeniusschule Wolkenthal
Klasse 8 A, Biologie
08. 08. 08

Formalia

Was tut die Grille? (Verhaltensbeschreibung)

beschreibend, tabellarisch oder grafisch

1. Die Unterrichtstunde im Zusammenhang der Unterrichtseinheit
2. Stundenziele / Kompetenzen
   - Die Schüler sollen Beobachtungen und Deutungen unterscheiden können.
   - …

Bezug zum Lehrplan oder zum Kerncurriculum mit Kompetenzen aufführen

nur unterrichtsrelevante Aspekte aufführen

3. Schulische Voraussetzungen
4. Perspektiven der Lernenden zum Verhalten von Tieren
5. Fachlich geklärte Grundlagen: Verhaltensbeschreibung
6. Didaktische Begründung von Verhaltensbeobachtungen
7. (Unterrichts-)Verlaufsskizze

bezieht methodische Überlegungen ein

Zeit	Handlungsmuster	Sozialformen	Medien
8:00	**Einstieg**		
	Beschreiben: Der Behälter mit den (zirpenden) Grillen wird unter einem Tuch präsentiert. „Beschreibt, was ihr hört." Die Lernenden beschreiben so genau wie möglich die Laute.	Plenumsunterricht	
8:10	**Erarbeitung**		
	Erkunden: Grillen in kleine, durchsichtige Behälter umsetzen. Die Schüler betrachten die Grillen an den Tischen.	Gruppenunterricht	Karten zur Gruppeneinteilung

In diesen Zeilen sind Unterrichtsphasen eingefügt.

Geplantes Lehrerverhalten und erwartetes Schülerverhalten werden beschrieben.

7. Vorüberlegungen zur Auswertung als Vorbereitung der Unterrichtsreflexion
8. Anhang: z. B. Arbeitsblätter mit eingetragenen Lösungen; Informationsblätter, Tafelbild, Folienausdruck, Literaturliste, Sitzplan

Selbstevaluation des Unterrichts

Beobachtung, Analyse und Bewertung des eigenen Unterrichts mit der Absicht, diesen zu verbessern, ist eine Form der Selbstevaluation. Grundlage ist das geplante und systematische Sammeln von Informationen. Selbstevaluation gehört zwar zu den wichtigen Aufgaben einer Lehrkraft, wird aber nicht immer mit der notwendigen Intensität wahrgenommen.

Reflexion

Die Unterrichtsdurchführung und deren Reflexion liefert wichtige Hinweise zur Verbesserung des Unterrichtsplanes. Nach der Erprobung des Plans, nach dem Unterricht, weiß man es besser. Dieses Nachdenken über den Unterricht sollte über eine intuitive Einschätzung („Der Unterricht lief gut.“) hinausgehen. Gerade weil es sich bei Unterricht um ein sehr komplexes Geschehen handelt, ist ein systematisches Vorgehen erforderlich.

Diagnose

Beobachtungen, Kartenabfragen, Aufgaben, kleine Tests oder kurze Interviews mit Schülern sind beispielhafte Methoden für das Erfassen der Lernergebnisse einer Unterrichtssequenz. Damit kann die Wirksamkeit des eigenen Unterrichts überprüft werden.

Selbstverpflichtung

Evaluation kann und sollte auch die eigene berufliche Weiterentwicklung in den Blick nehmen. Einerseits können allgemeine unterrichtsorganisatorische Kompetenzen entwickelt werden, wie Fragen oder Aufgaben stellen, Aufmerksamkeit der Schüler fokussieren oder nach Leistung differenzieren. Andererseits sollten besonders folgende biologiedidaktische Kompetenzen entwickelt werden, die sich in der Lehr-Lernforschung als fruchtbar erwiesen haben:

- die verfügbaren Vorstellungen ernst nehmen; von den diversen vorunterrichtlichen Vorstellungen ausgehen und deren Veränderungen planen;
- die intensive Auseinandersetzung mit dem Lerngegenstand fördern; Lernumgebungen gestalten, die die Lernenden intensiv an der Sache arbeiten lassen und sie zum Nachdenken über ihren Lernprozess anregen;
- Leistungsmessung mit Diagnose und Lernberatung verknüpfen, aber Lernen und bewertete Leistung klar trennen;
- Zeit für Vorstellungsänderungen geben; das Lernen von wissenschaftlichen Vorstellungen, die den alltäglichen widersprechen, braucht Zeit und mehrere Gelegenheiten.

Kooperation

Verbesserungen der Unterrichtsplanung und -durchführung sind am ehesten von einer verstärkten Kooperation der Lehrpersonen untereinander zu erwarten. Empfehlenswert sind gemeinsame Unterrichtsvorbereitung, Austausch von Unterrichtsentwürfen und Materialien, gegenseitiges Hospitieren mit anschließender Kritik oder Analysieren von videografierten Unterrichtsstunden. Dies führt zur Optimierung des Unterrichts, schärft den Blick der Beteiligten für den Unterricht und wirkt sich auch auf die Unterrichtsvorbereitung aus.

Schema zur Selbstevaluation

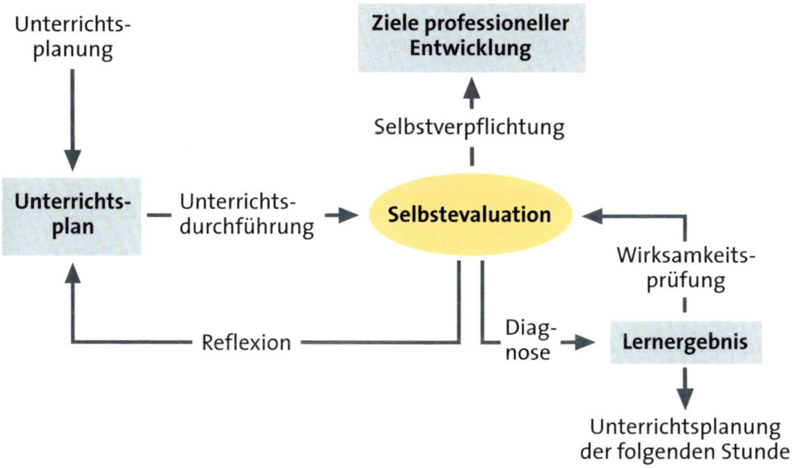

Fragen zur Selbstevaluation

Thema:		**Klasse:**	**Datum:**
Was war gut/ schlecht?	*Wie fühle ich mich nach dieser Stunde? Was lief gut, was weniger gut?*		
Lernergebnis	*Was haben die Schüler gelernt? Belege für Lernergebnisse notieren oder anhängen. Welche Ziele wurden erreicht?*		
Konsequenzen	*Was sollte wie im Unterrichtsentwurf geändert werden?*		
Aufmerksamkeit	*Welche Lernenden brauchen besondere Aufmerksamkeit hinsichtlich ihres Lernens oder Verhaltens?*		
Verabredungen, Regeln	*Wurden sicherheitsrelevante Regeln eingehalten. Welche Aufgaben haben Lernende und Lehrende übernommen?*		
Professionelle Ziele	*Entwicklungsaufgaben wählen: z. B. zusammenfassen, organisieren, erklären, naturwissenschaftliches Arbeiten verbessern*		

Unterrichtsziele

Unterrichtsziele beschreiben das angestrebte Ergebnis einer Lehr-Lernsituation. Sie sind ein wesentliches Element didaktischer Planung und didaktischen Handelns und finden sich in Bildungsstandards, Lehrplänen und Curricula sowie Unterrichtseinheiten und -entwürfen.

Wer Unterrichtsziele hat, kann auch die Schritte auf dem Weg dorthin überblicken und innerhalb einer Lerngruppe schwierige und leichtere, selbstständige und enger geführte Wege anbieten. Selbst im Verlauf des Unterrichts können dann die Unterrichtsziele der jeweiligen Stunde noch den Gegebenheiten angepasst werden. Unterrichtsziele sind auch der Maßstab des Lernerfolgs. Sie können überprüft werden. Nicht zuletzt wird mit Unterrichtszielen auch der öffentlich-gesellschaftliche Auftrag an die Schule und den Biologieunterricht formuliert.

Für die Formulierung von Unterrichtszielen und deren gedankliche Durchdringung werden immer wieder drei unterschiedliche theoretische Rahmen verwendet, die mit den didaktischen Fachwörtern Lernziele, Schlüsselqualifikation und Kompetenzen bezeichnet werden. Metaphorisch gesprochen sind das drei verschiedene Brillen, durch die die Aufgabe der Setzung und Formulierung von Unterrichtszielen betrachtet werden kann. Dabei kommen sowohl gemeinsame als auch unterschiedliche Aspekte in den Blick.

Lernziele sind ein Kind der Unterrichtstheorie der 60er Jahre des vergangenen Jahrhunderts. Wurden bis dahin lediglich Lerninhalte in die Lehrpläne geschrieben oder Stoffkataloge aufgestellt, beschreiben die Lernziele das angestrebte Verhalten der Lernenden. Dabei werden Ziele auf unterschiedlichen Ebenen der Abstraktheit formuliert. Die hierarchisch gedachten Ebenen reichen von sehr allgemeinen Zielen, wie beispielsweise dem Richtziel naturwissenschaftliche Grundbildung, bis zu Feinzielen. Weiterhin werden Kenntnisse, Fertigkeiten und Einstellungen unterschieden (Dimensionierung).

Schlüsselqualifikationen

stammen aus der Diskussion um die berufliche Bildung der 80er Jahre. Man versteht darunter relativ langfristig verwertbare Kenntnisse, Fähigkeiten, Fertigkeiten und Werthaltungen als überfachliche Qualifikationen zur Bewältigung beruflicher Anforderungen. Von den inzwischen über 600 Schlüsselqualifikationen, werden in der Grafik nur vier wichtige genannt.

Kompetenzen

entspringen den Theorien der Wissens- und Lernpsychologie. Sie finden sich insbesondere in den Bildungsstandards für den Mittleren Schulabschluss der Kultusministerkonferenz (KMK) von 2004. Kompetenz bezeichnet die Befähigung und Motivation einer Person, bestimmte Probleme zu lösen und die Problemlösungen für andere Situationen erfolgreich und verantwortungsvoll nutzen zu können.

Sichtweisen und Kategorien von Unterrichtszielen

Lernziele: Beobachtbare Lernergebnisse

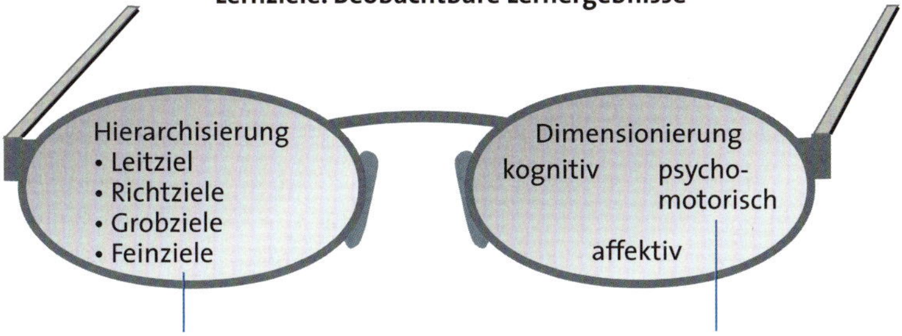

Beispiel: Mehr als 80% der Lernenden sollen nach einmaligem Üben von zehn blühenden Pflanzen der Familien Rosengewächse, Lippenblütler, Kreuzblütler und Schmetterlingsblütler mindestens acht den genannten Familien richtig zuordnen können.

Beispiel: ein scharfes mikroskopisches Bild erstellen

Schlüsselqualifikationen: Berufliche Anforderungen

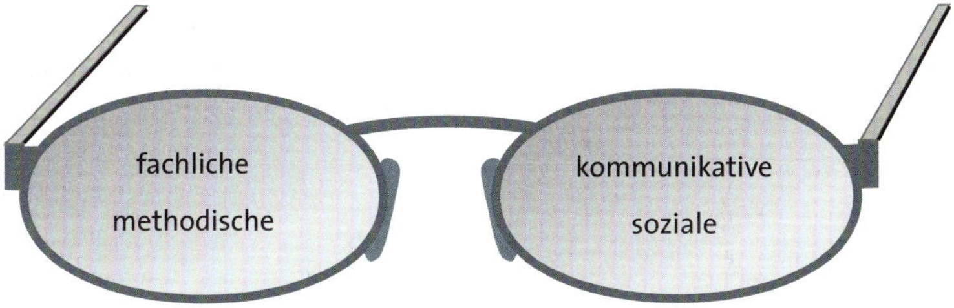

Kompetenzen: Probleme lösen können

Lebewesen, biologische Phänomene, Begriffe, Prinzipien, Fakten kennen und den Basiskonzepten zuordnen.

Informationen sach- und fachbezogen erschließen und austauschen

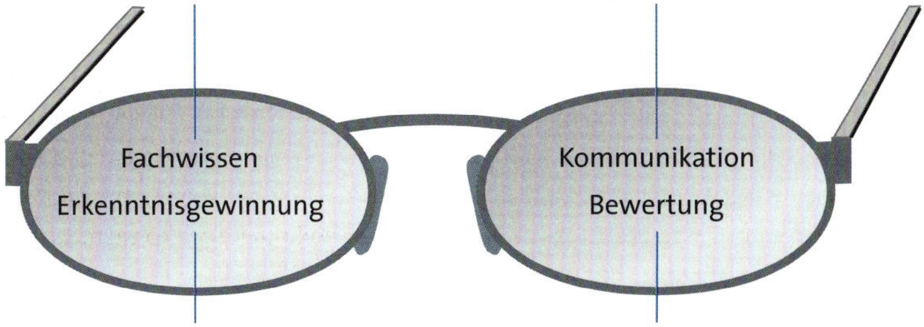

Beobachten, Vergleichen, Experimentieren, Modelle nutzen und Arbeitstechniken anwenden

biologische Sachverhalte in verschiedenen Kontexten erkennen und bewerten

Feinziele

Qualifikationen und vor allem Kompetenzen stehen im Mittelpunkt der aktuellen didaktischen Diskussion um Unterrichtsziele. Aber an Lernzielen, besonders an Feinzielen, lassen sich die verschiedenen Perspektiven beim Nachdenken über Unterrichtsziele besonders gut aufzeigen.

Hierarchisierung

Unterrichtsziele können hinsichtlich ihres Abstraktionsgrades verschiedenen Ebenen zugeordnet werden. Sehr allgemeine Bildungsziele werden Leitziele genannt und betreffen die Erziehung bzw. Schulbildung als Ganzes. Sie stehen in den Präambeln der Lehrpläne oder in den Schulgesetzen. Für ein Unterrichtsfach werden meist Richtziele formuliert, für ein Lehrplanthema oder eine Unterrichtseinheit Grobziele. Feinziele beziehen sich auf einzelne Lernschritte innerhalb einer Lernsequenz. Grundsätzlich ist es nicht möglich, speziellere Ziele (z. B. Feinziele) aus allgemeineren abzuleiten (z. B. aus Richtzielen). Für die Formulierung spezieller Ziele sind vielmehr jeweils weitere Entscheidungen nötig, die in den allgemeinen Zielen nicht enthalten sind.

Dimensionierung

Unterrichtsziele können nach ihrer Zugehörigkeit zu psychischen Dimensionen als kognitiv, affektiv (emotional) und psychomotorisch (pragmatisch) bezeichnet werden. Unter kognitiv ist Denken, Wissen oder Problemlösen zu verstehen, unter affektiv Interesse, Bereitschaft, Einstellung oder Werthaltung. Unterrichtsziele der psychomotorischen Dimension betreffen Fertigkeiten wie Pipettieren oder Dünnschnitte herstellen. Bei der Dimensionierung von kognitiven, affektiven und psychomotorischen Zielen handelt es sich um eine analytische Unterscheidung. Für die Lernenden gibt es nur einen Lernprozess, in dem die Lernziele der verschiedenen Dimensionen unauflöslich ineinander verwoben sind. Deshalb ist immer dann, wenn die Lernziele nur eine der drei Dimensionen betreffen, nach dem Verbleib der anderen beiden zu fragen.

Operationalisierung

Feinziele enthalten möglichst eindeutige und präzise Angaben darüber, was im Unterricht gelernt werden soll. Wenn ein beobachtbares und somit messbares Lernerverhalten angegeben wird, dann handelt es sich um operationalisierte Ziele. Gebräuchlich sind Operatoren wie beschreiben, nennen, erklären, vergleichen, angeben, aufzählen. Formulierungen zu allein subjektiv erschließbaren Vorgängen wie erkennen oder fühlen erfüllen den Anspruch der Operationalisierung nicht. Gleichwohl können achten oder wertschätzen wichtige Ziele des Biologieunterrichts sein – auch wenn sie viele Interpretationen zulassen und nicht operationalisiert sind. Somit kommen durch die Beschränkung auf beobachtbares Verhalten oft nur Teile anzustrebender Unterrichtsziele in den Blick. Zudem ist der Aufwand bei der Formulierung recht hoch.

Hierarchie von Unterrichtszielen

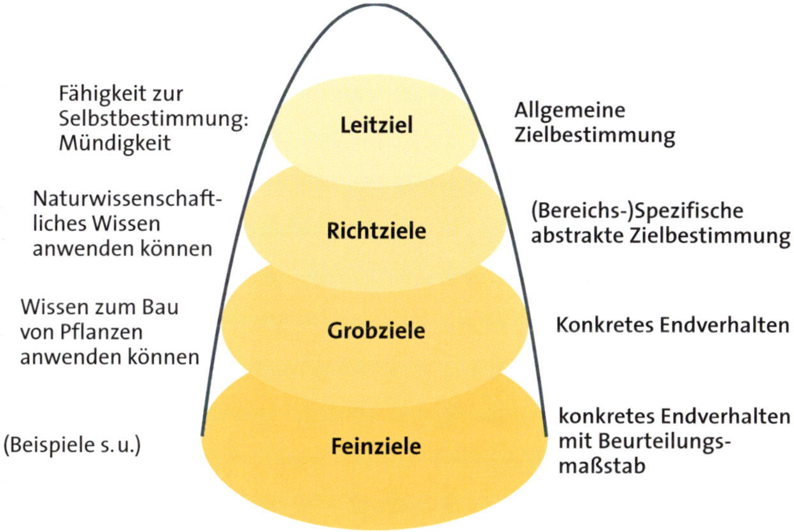

Anatomie eines Feinziels

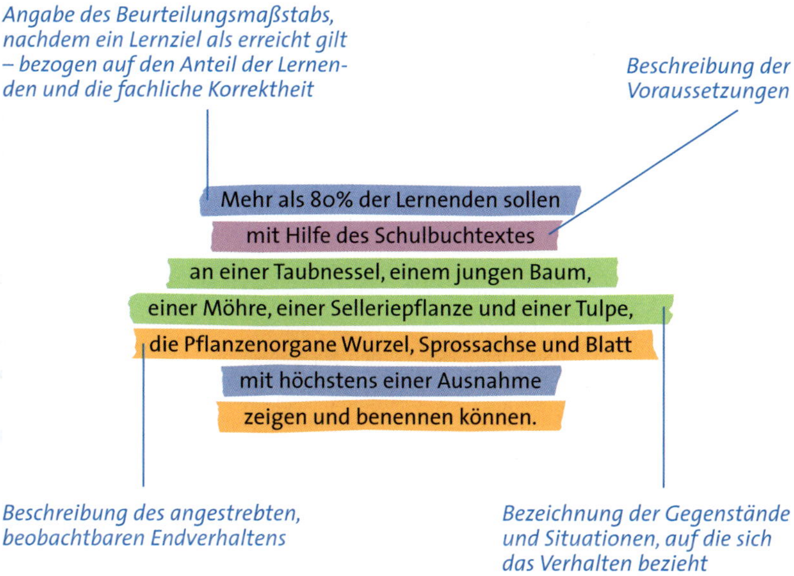

Lernaufgaben

Aus didaktischer Sicht sind Lernaufgaben schriftlich oder mündlich formulierte Lernangebote, die einen Informations-, einen Aufforderungs- und einen Unterstützungsteil enthalten. Manchmal wird auch noch die Lösung angegeben. Im Informationsteil wird auf einen Kontext verwiesen oder ein Phänomen beschrieben. Im Aufforderungsteil wird mindestens eine Anweisung gegeben oder eine Frage gestellt, die auf die Lösung zielt. Dabei wird die erwartete Leistung der Schüler mit Hilfe von Operatoren präzise beschrieben. Im Unterstützungsteil werden Bearbeitungshinweise, Lösungshilfen und Vorschläge zur Vorgehensweise angeboten. Die Lernenden sollen durch eine Aufgabe zu Lernarbeit angeregt werden. Lernaufgaben kann man auch als wohldefinierte Probleme betrachten, die in relativ kurzer Zeit zu lösen sind. Damit wird die didaktische Kategorie „Lernangebot" durch die kognitive Kategorie „Problem" ersetzt.

Kategorien

Mit Hilfe von Kategorien können vorliegende Aufgaben charakterisiert werden. Sie können dann auch je nach Bedarf modifiziert werden. Stellt man sich die Kategorien als Achsen eines Koordinatensystems vor, und die Merkmale als Pole oder Einteilungen dieser Koordinaten, so entsteht ein vieldimensionaler Raum, in dem jede Aufgabe verortet werden kann.

Fehler

Bei der Bearbeitung von Lernaufgaben sind Fehler zu erwarten. Sie sollten aber nicht als Leistungsmangel oder unerwünschte Störung gewertet werden. Fehler beim Lösen von Lernaufgaben sind Chancen für produktives Lernen. Es sind lernförderliche Haltungen zu entwickeln: Fehler in Lernsituationen sollten willkommen geheißen und als solche kenntlich gemacht werden. Lernende haben ein Recht darauf, aus Fehlern zu lernen.

Aufgabentypen

Bei Muster-Aufgaben liegen Information, Aufforderung, Unterstützung sowie Lösung vor und sollen nachvollzogen werden.

Standardaufgaben zielen auf die fehlende und zu erarbeitende Lösung. Grundaufgaben fehlt auch noch der Unterstützungsteil.

Fragefindungs-Aufgaben fordern beispielsweise zu einem Experiment aus einem Schulbuch eine Forschungsfrage zu formulieren.

Methodenfindungs-Aufgaben fordern z. B. verschiedene Abbildungen den Methoden Fotografie, Licht-, Elektronen- und Rastertunnel-Mikroskopie zuzuordnen.

Gestaltungsaufgaben fordern z. B. Körper mit möglichst wenig Strömungswiderstand zu formen.

Prüfungsaufgaben

Hinsichtlich ihrer didaktischen Funktion können zwei Formen von Aufgaben unterschieden werden: Lernaufgaben und Prüfungs- oder Testaufgaben. Lernaufgaben dienen der Aneignung, Sicherung und Anwendung von Wissen. Sie sind Mittel, um die Qualität des Lernens im Biologieunterricht weiter zu entwickeln. Testaufgaben eignen sich für die Leistungsmessung oder Diagnose. Sie sollen Ergebnisse von Lernprozessen erfassen, um diese dann zu bewerten.

Anatomie einer Lernaufgabe

Informationsteil – hier als Frage. Möglich wären auch Texte, Daten, sogar Messgeräte oder Objekte.

Aufforderungsteil – hier eine Anweisung. Möglich wäre auch eine Frage, die auf die Lösung zielt.

Wachsen Haare nach dem Schneiden schneller?

Stelle zu dieser Frage einen Untersuchungsplan auf.

Der Untersuchungsplan sollte die folgenden Aspekte berücksichtigen: 1. Forschungsfrage; 2. theoretischer Rahmen; 3. Hypothesen; 4. Versuchsablauf; 5. Auswertung und Schlussfolgerung; 6. Darstellung und Mitteilung der Ergebnisse

Lösungsteil – fehlt hier. Kann aber bei einigen Aufgabentypen gegeben sein.

Unterstützungsteil – hier werden Lösungshilfen oder Bearbeitungshinweise gegeben.

Kategorien zur Charakterisierung von Lernaufgaben

Tätigkeiten

Lösungswege
z. B. experimentell, grafisch und rechnerisch oder textlich

Lösungstätigkeit
z. B. Antwort(en) auswählen; vergleichen; ordnen; experimentieren

Freiheitsgrad der Lösung
geschlossene oder offene Lösungswege bzw. Lösungen

Inhaltsbereich
z. B. biologischer oder chemischer Kontext; ein Thema des Curriculums

Hilfen

Lösungshilfen
gegeben oder fehlend; abgestuft; differenziert nach Kompetenz

Lösungskontrolle
Selbstüberprüfung z. B. mit Musterlösungen; Fremdüberprüfung durch Mitschüler oder Lehrende

Lernvoraussetzungen

zu erwartende Fähigkeiten
Vorstellungen; soziale, motivationale, emotionale Bereitschaften

erforderliche Vorkenntnisse
naturwissenschaftliche(s) und biologische(s) Wissen und Fähigkeiten

erforderliche Kompetenzen
z. B. biologische Fragen erkennen; Wissen anwenden; Entscheidungen treffen

Leistungskontrollen

Lehrkräfte haben die verantwortungsvolle Aufgabe, die Leistungen der Lernenden zu bewerten und zu beurteilen. Für diese Evaluation müssen sie Lernstände oder -ergebnisse durch Befragung, Beobachtung, Test und Dokumentenanalyse erfassen.

Formen

Es gibt grundsätzlich zwei Formen der Leistungsbewertung: die Beobachtung von Verhalten und die Analyse von Dokumenten. Lehrende bewerten bei der Verhaltensbeobachtung die Beteiligung am Unterricht oder führen mündliche Prüfungen durch. Hierbei kann die Benotung relativ willkürlich wirken und wird oft von gruppendynamischen Prozessen mitbestimmt. Komplexeres Verhalten lässt sich beim experimentellen Arbeiten, der Freilandarbeit oder dem Pflegen von Pflanzen und Tieren bewerten.

Objektiver wirkt die Analyse von schriftlichen Dokumenten wie Hausaufgaben, Tests oder Klassenarbeiten. Häufig bewertete Dokumente sind außerdem Arbeitshefte, Portfolios, (Blätter-)Sammlungen, Lerntagebücher und Facharbeiten. Lernende sollten die Bewertungskriterien vorher kennen. Ein Erwartungshorizont mildert den Eindruck von Subjektivität.

Einen Test nennt man objektiv, wenn die Punktvergabe unabhängig vom Korrektor zu gleichen Ergebnissen führt. Der Schwierigkeitsindex (Anzahl erreichter Punkte einer Aufgabe aller Schüler durch die Anzahl aller möglichen Punkte dieser Aufgabe aller Schüler) hilft die Angemessenheit der (Teil-) Aufgaben für die Lerngruppe zu beurteilen. Als Qualitätskriterium von Multiple-choice-Aufgaben gilt, dass nicht mehr als 50 % aller falschen Antworten auf einem Distraktor (Falsch-Antwort) bündeln und kein Distraktor weniger als 10 % aller falschen Antworten erhält.

In schriftliche Tests oder Klausuren sollen nach Vorgaben von Richtlinien Reproduktions- und Reorganisationsleistungen etwa gleichgewichtig verteilt und nicht mehr als 15 % Problemlöseaufgaben eingebaut werden. Mit welcher Leistung schließlich welche Note erreicht wird, legt die Biologie-Fachgruppe der Schule fest. Grundsätzlich sollte mit 50% der maximalen Punktzahl die Note „ausreichend“ erreicht werden.

Funktionen

Lernerfolgskontrollen geben Lehrenden Rückmeldungen über die Qualität ihres Unterrichts. Das ermöglicht, den Unterricht zu revidieren, aber auch das Messinstrument anzupassen. Den Lernenden geben Zensuren Rückmeldungen über ihre Leistungen. Eng damit verknüpft ist die Anreizfunktion von Noten. Daher sollte die Bewertung einer schlechten Leistung auch Elemente der Ermutigung enthalten. Noten, die die Eltern über die Leistungen ihres Kindes informieren, haben außerdem eine Berichtsfunktion. Jede Notengebung besitzt auch eine Disziplinierungsfunktion. Lehrende sollten ihren Unterricht überdenken, wenn sie von dieser Möglichkeit zu häufig Gebrauch machen. Schließlich haben Noten Siebungs- und Zuteilungsfunktion. Sie bestimmen die Wahl des Schultyps und die daraus resultierenden Berufswahlchancen mit.

Einige Aufgabentypen

Geschlossene Aufgabe: Multiple-Choice Aufgabe (1 Punkt)

Kreuze die Pflanze an, welche aus systematischem Grund nicht zu der Gruppe passt.

- ☐ Bambus
- ☐ Brennnessel
- ☐ Mais
- ☐ Palme
- ☐ Weizen

Sorge für hohe Attraktivität der Distraktoren. Wenigstens fünf Antwortalternativen, um Ratewahrscheinlichkeit niedrig zu halten. Hohe Auswertungsobjektivität.

Mehr Antwortalternativen als Lücken vorgeben, damit auch die letzte Zuordnung eine Entscheidung verlangt. Hohe Auswertungsobjektivität.

Geschlossene Aufgabe: Zuordnungsaufgabe (5 Punkte)

Ordne den Pflanzen die passende Familie zu. Trage den Buchstaben ein!

A Lippenblütler **B** Schmetterlingsblütler **C** Korbblütler
D Liliengewächse **E** Nachtschattengewächse **F** Süßgräser
G Kreuzblütler

Verlangt selbständiges Erinnern und Nennen, längere Ausführungen (grammatikalische Hürden) werden vermieden. Relativ hohe Auswertungsobjektivität.

Halboffene Aufgabe: Kurzantwortaufgabe (3 Punkte)

Nenne eine Pflanzenfamilie und zwei Arten dieser Familie.

Pflanzenfamilie	Zwei Arten

Offene Aufgabe (6 Punkte)

Nenne besondere Kennzeichen von Schmetterlings- und Lippenblütlern.

Erwartungshorizont ist unerlässlich, um die Ausführungen zu bewerten. Auswertungsobjektivität geringer als bei anderen Aufgabenformaten.

Prinzipien und Ebenen methodischen Handelns

Methoden sind planmäßige Verfahren zum Erreichen bestimmter Ziele. Methodisches Handeln im Unterricht verfolgt das Ziel, erfolgreich zu vermitteln. Von den verschiedenen Ebenen des methodischen Handelns werden hier methodische Großformen und Sozialformen behandelt. Darüber hinaus werden Methodenkonzepte wie Schüler-, Problem- oder Handlungsorientierung vorgestellt.

Methodenkonzepte. Das Konzept des offenen Unterrichts kommt einem schülerzentrierten Unterricht sehr nahe. Es bedeutet Offenheit für Interessen von Schülern und eine Beteiligung der Lernenden an Planung und Umsetzung von Unterricht. Es geht um große Selbstständigkeit und eine Öffnung der Schule zu ihrem Umfeld. Strukturmerkmale offenen Unterrichts sind Wochenplan und Freiarbeit.
Im handlungsorientierten Unterricht geht es darum, zu Ergebnissen zu kommen, die man anfassen oder vorführen kann, die auch später noch für die Schüler Gebrauchswert haben.
Problemlösender Unterricht findet vor allem dann statt, wenn praktisch gearbeitet wird und Bezüge zwischen allgemeinen Problemlösungsstrategien und dem schrittweisen naturwissenschaftlichen Vorgehen bei der Erkenntnisgewinnung, z. B. beim Experimentieren, hergestellt werden.

Methodische Großformen sind Organisationsschemata, die über längere Zeiträume Arbeits- und Sozialformen des Unterrichts bestimmen. Der Unterricht kann als Lehrgang, Projekt oder Fallstudie organisiert werden. Auch Exkursionen werden häufig zu den Großformen gerechnet.
Im Lehrgang lenkt und plant die Lehrperson die Abfolge der Lernprozesse. Der Unterricht schreitet zielorientiert voran; selbstorganisiertes Lernen der Schüler findet selten statt. Der Gegenentwurf zu diesem Unterricht ist das Projekt. Projektarbeit ist kooperativ in der Planung, kollektiv in der Realisierung und produktorientiert. Im Projekt wird der Stundentakt abgeschafft.
In Fallstudien verlangt ein alltagsnahes und konkretes Problem, der „Fall", Entscheidungen mit komplexen Bewertungen.

Sozialformen. In der Art und Weise, wie Lernende zusammenarbeiten, unterscheidet man Plenums-, (Klein-)Gruppen-, Partner- und Einzelarbeit. Die Wahl der Sozialform sollte zu der jeweiligen biologischen Arbeitsweise, zu den Zielen und Lernvoraussetzungen passen.
Differenzierungen, z. B. nach Interessen oder Leistung, lassen sich besonders in arbeitsteiliger Gruppenarbeit vornehmen. Die Aufgaben der einzelnen Kleingruppen sollten dabei zur Lösung einer umfassenden Gesamtaufgabe notwendig sein.
Besondere Organisationsformen der Gruppenarbeit sind die Stationsarbeit und das Gruppenpuzzle. Bei der Stationsarbeit werden Arbeitsplätze mit individuellem Tempo nacheinander bearbeitet, oft frei in Reihenfolge und Anzahl. Beim Gruppenpuzzle eignen sich „Expertengruppen" zu Teilthemen spezielles Wissen an, das sie dann in Stammgruppen weitergeben.

Methoden im Biologieunterricht

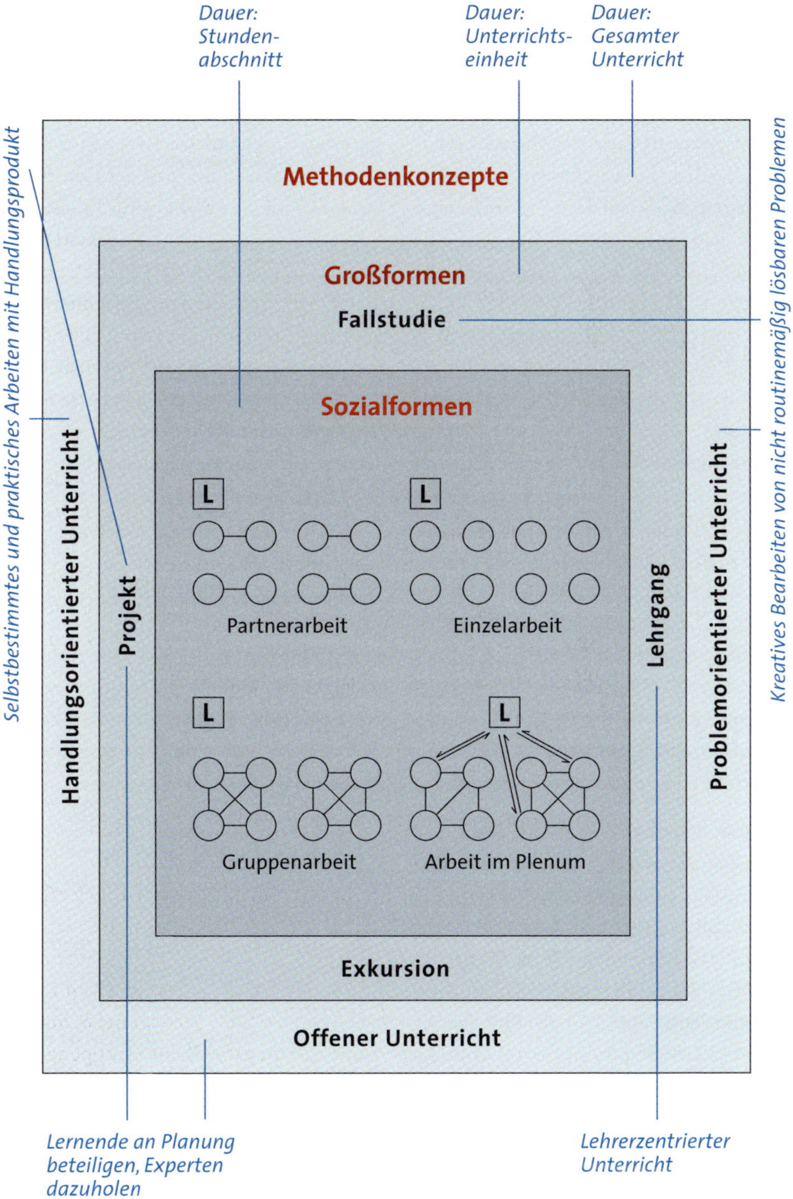

Naturwissenschaftliche Erkenntnisgewinnung

Das Wissen der Biologie wird in einem Wechselspiel von Empirie und Theorie gewonnen. Unter Empirie versteht man, Erfahrungen durch Beobachten zu sammeln und Daten zu erheben. Die Theorie fasst die grundsätzlichen Annahmen zusammen und liefert die „Wenn-Dann"-Beziehungen. Beim naturwissenschaftlichen Arbeiten hängen theoriebasiertes, empirisches Erkunden und Erkennen, das durch Ergebnisse untermauert ist, untrennbar zusammen. Diese Beziehung bzw. dieser Prozess führt in der Biologie zu Erfahrung und Anschauung.

Den Lernenden soll der Weg der naturwissenschaftlichen Erkenntnisgewinnung nahe gebracht werden. Dabei sind durch Beobachtung gewonnene Daten und deren Deutung im Erkenntnisprozess stets scharf zu trennen. „Die Maus läuft ängstlich umher" enthält als empirischen Anteil die Beobachtung, dass die Maus umher läuft, zugleich aber auch die theoretisch basierte Deutung, dass dies ängstlich geschieht. Dies kann unreflektiert zu Fehlurteilen führen.

Naturwissenschaftliche Methoden

Entgegen der vorherrschenden Meinung gibt es keine eindeutig definierte naturwissenschaftliche Methode. Stattdessen wird die Untersuchungsmethode im Prozess des Problemlösens unter verschiedenen Möglichkeiten ausgewählt. Je nach Problemstellung und Teildisziplin gibt es verschiedene Abfolgen und lediglich grundlegende Kennzeichen des naturwissenschaftlichen Vorgehens: naturwissenschaftliche Fragen formulieren, den theoretischen Rahmen klären, Hypothesen, Prognosen und einen Untersuchungsplan aufstellen, Daten erheben, dokumentieren und auswerten, Schlüsse ziehen und Befunde veröffentlichen.

Naturwissenschaftliches Arbeiten erweckt oft den Eindruck, der Weg der Erkenntnis verlaufe vom „Erkunden zum Erkennen", d.h., aus unvoreingenommen gewonnenen Daten lasse sich Allgemeingültiges erschließen. Dieser induktivistischen Vorstellung über den Erkenntnisprozess widerspricht die Tatsache, dass bereits das Erkunden durch Theorien über den Gegenstand geleitet wird und auf vorhergehenden Erkenntnissen aufbaut. Stattdessen gilt es, das hypothetisch-deduktive Vorgehen bei der Erkenntnisgewinnung im Biologieunterricht von Anfang an bewusst zu machen. Wenn Lernende beim Lösen eines biologischen Problems mit der Hypothesenbildung beginnen, hilft dies, ihre theoretischen Vorannahmen, die häufig von Alltagsvorstellungen geprägt sind, bei der Beobachtung oder dem Experiment zu reflektieren.

Biologische Arbeitsweisen wie Beobachten oder Experimentieren stellen an die Lehrer hohe Anforderungen. Lernende sollten die Voraussetzungen und Bedingungen naturwissenschaftlichen Vorgehens kennen, um die Geltung, Tragweite und Grenzen biologischer Aussagen beurteilen zu können. Naturwissenschaftliches Arbeiten ist daher wissenschaftstheoretisch zu betrachten. Lehrkräfte sollen bei Lernenden die Kompetenz entwickeln, biologische Arbeitsweisen zu beurteilen und durchzuführen.

Empirisches Vorgehen

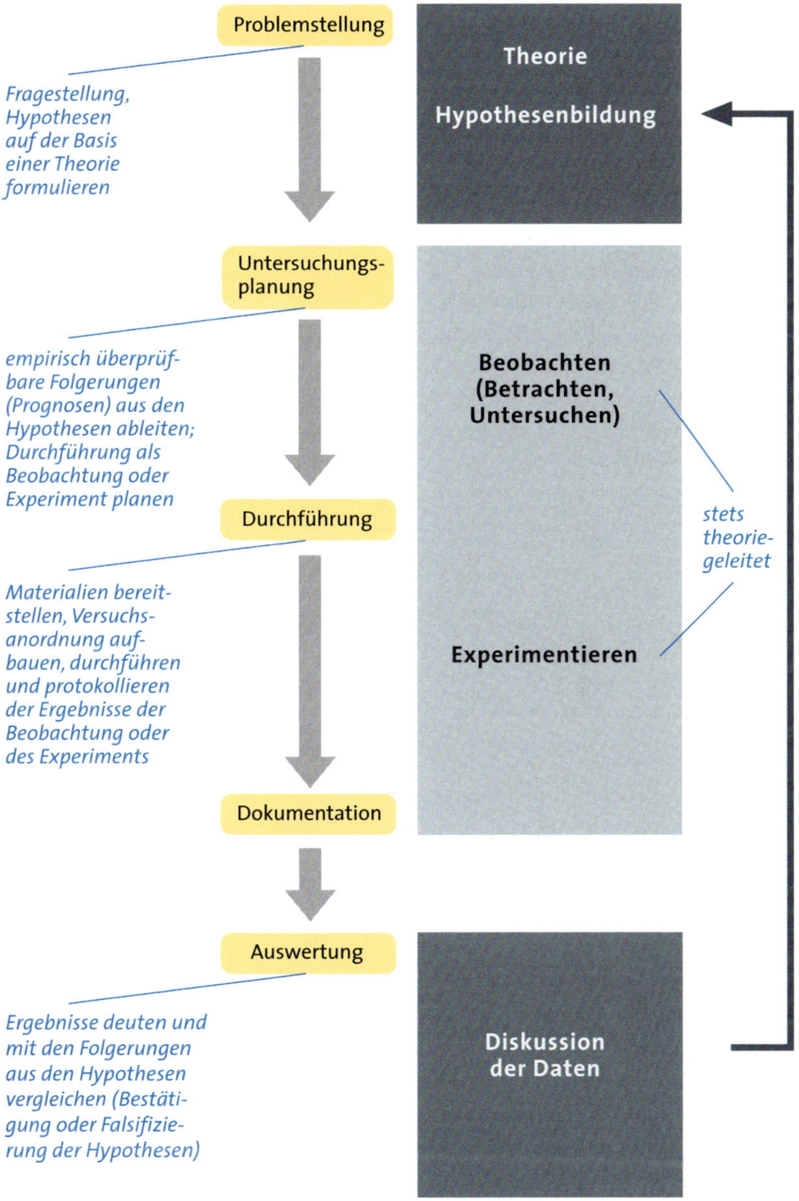

Beobachten und Untersuchen

Biologische Arbeitsweisen können mit Blick auf die zu erkennenden Objekte benannt werden: Unbewegte Objekte werden betrachtet, ihr Bau wird untersucht; sich zeitlich verändernde oder räumlich bewegende Objekte werden beobachtet, zur Analyse von Funktionen wird experimentiert. Beschreibt man diese Arbeitsweisen als Handlungen des forschenden Subjekts, lassen sich grundsätzlich zwei Erkenntnismethoden unterscheiden: das Beobachten und das Experimentieren. Dabei sind das Betrachten, das Untersuchen und Mikroskopieren, letzteres als ein Beobachten mit Hilfsmitteln, im Beobachten enthalten.

Beobachten beschreibt das theorie-, hypothesen- und kriteriengeleitete Erfassen von Eigenschaften und Merkmalen von Objekten. Dabei werden im Gegensatz zum Experimentieren, wo auch beobachtet wird, die Objekte weder grundlegend beeinflusst noch wird in Prozesse eingegriffen. Die Grenzen der Beobachtung hängen damit zusammen, was überhaupt mit den Sinnen, auch mit Hilfsgeräten, wahrgenommen werden kann. Als Ergebnisse erhält man Daten zu Eigenschaften oder Merkmalen.
Beim Beobachten mit den Augen muss vieles erst sichtbar gemacht werden. Dazu gehört An-, Be- oder Durchleuchten, Filtern, Anfärben, Vergrößern, die Zeit dehnen oder raffen. Da die Möglichkeiten der Sinnessysteme begrenzt sind, werden Instrumente eingesetzt, die das Spektrum quantitativ (z.B. Lichtmikroskop, Fernrohr, Stethoskop) oder qualitativ (z.B. Röntgengerät, EKG) erweitern.
Beobachtungen lassen sich oft quantifizieren. Mit dem Zählen ordnet man Dingen oder Ereignissen Zahlen zu. Messen ist das Zählen in Basiseinheiten. Bei Messungen sind stets die Größe, der Betrag und die Einheit anzugeben. Gemessen wird in Basiseinheiten, oft mit Hilfsmitteln wie Maßband (Länge, Meter [m]), Waage (Gewicht, Kilogramm [kg]), Stoppuhr (Zeit, Sekunde [s]) oder Thermometer (Temperatur, Grad Celsius [°C)]. Da Messen störanfällig ist, sind Messwiederholungen unverzichtbar.
Auf dem Weg von der Beobachtung zur Deutung werden die erhobenen Daten aufgezeichnet, also dokumentiert, und anschließend in Tabellen und Diagrammen aufbereitet. Abschließend folgt mit der Auswertung der Daten ihre Interpretation und es werden Schlussfolgerungen gezogen.
Die Beobachtung von Organen und Lebewesen schafft Erlebnismöglichkeiten, die Freude, aber auch Angst und Ekel auslösen können. Bei Angst und Ekel kann eine professionell-methodische Haltung beim Beobachten emotionalen Abstand schaffen.

Untersuchen. Geschieht das Beobachten mit Hilfsmitteln durch Eingriffe in die Objekte, wird vom Untersuchen gesprochen. Wichtige Formen des Untersuchens sind das Sezieren, wobei das Objekt sachgerecht auseinander genommen wird, und das Präparieren, das mit der Absicht geschieht, das Objekt zu konservieren. Fasst man Untersuchungen weiter, gehören auch Nachweisreaktionen sowie die Bestimmung biotischer und abiotischer Faktoren in Ökosystemen dazu.

Beobachten ist mehr als bloßes Hinsehen

1. Eine **Frage stellen,** um die Aufmerksamkeit auf ein Merkmal zu konzentrieren.

Was frisst die Achatschnecke?

Theorie: Achatschnecken leben in Bananenplantagen.

2. Verschiedene Hypothesen aufstellen, um über den theoretischen Anteil reflektieren zu können.

Hypothese: Sie fressen Bananen.

3. Arbeitsanleitungen entwickeln, um Vorgehen und Ergebnisse transparent zu halten.

Vorgehen: Banane anbieten und Fraßspuren einzeichnen.
Wissen: Achatschnecken haben eine Radula.
Vorgehen: Bananenbrei auf die Hand, gegebenenfalls Raspeln fühlen.

***Sicherheitsbestimmungen einhalten** und **Gesetze** (zum Tierschutz) **beachten,** um Gefahren zu vermeiden:*
Hände waschen, artgerechter Umgang mit den Tieren.

4. Beobachtungen machen, ggf. Hilfsgeräte nutzen.

***Kreativ bleiben,** um weitere Merkmale für weiterführende Fragen und Beobachtungen zu entdecken:*
Wie kriechen Schnecken?
Wie langsam sind sie?

5. Alle **Beobachtungen festhalten,** um alle Daten differenziert analysieren zu können.

Zählen, Messen, Zeichnen, Schreiben

6. Alle **Ergebnisse kritisch reflektieren,** um Schlüsse zur Lösung weiterführender biologischer Probleme zu nutzen.

Beobachtete Achatschnecken fressen Bananen.
Wie finden Schnecken ihre Nahrung?
Haben sie einen Geruchssinn?

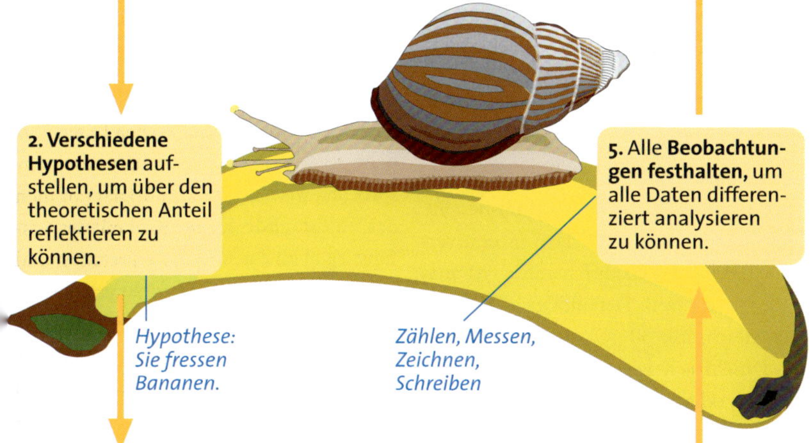

Experimentieren

Das Experiment kann als „Frage an die Natur“ verstanden werden. Beim Experimentieren wird zielgerichtet in die Bedingungen der Abläufe eingegriffen. Dabei werden Ursache-Wirkungs-Beziehungen untersucht. Die drei wichtigsten Kennzeichen des Experiments sind: Beobachtung der Messgröße, Isolation und systematische Variation der Einflussgröße.

Vorgehen

In einem Experiment wird nach einem von Hypothesen geleiteten Versuchsplan von einer zu beobachtenden Messgröße (z.B. Pflanzenwachstum) geprüft, welcher Zusammenhang mit einer hypothetischen Einflussgröße (z.B. Temperatur) besteht. Die Einflussgröße wird dazu in den verschiedenen Versuchsdurchläufen systematisch variiert (z.B. Tiefkühlfach –16 °C bis Wärmeschrank 50 °C). Jeder Durchlauf wird mehrfach wiederholt. Alle anderen Größen oder Faktoren (Störgrößen, z.B. Licht), welche einen Einfluss auf die Messgröße haben könnten, werden entweder ausgeschaltet, minimiert, gleich gehalten oder statistisch zufällig auf alle Ansätze gleich verteilt. Durch diese Anordnung wird die Einflussgröße in ihrer Wirkung isoliert. Die bei den verschiedenen Varianten gewonnenen Daten der Messgröße werden dann miteinander verglichen. Ein möglicherweise vorliegender Zusammenhang wird als Korrelation (statistisch) beschrieben. Aufgrund theoretischer Annahmen kann eine Korrelation als Ursache-Wirkungs-Beziehung (Kausalität) gedeutet werden.

Funktionen von Experimenten

Experimentieren im Biologieunterricht kann große Nähe zum Forschungsexperiment besitzen, wenn es zur Bestätigung bzw. Falsifikation einer Hypothese dient, die aus einer Fragestellung entwickelt wurde. Allerdings unterscheidet sich dieses entdeckende Experiment vom Forschungsexperiment durch das verfügbare Material, die begrenzte Unterrichtsdauer und Experimentierfähigkeit der Lernenden. Zudem ist den Lehrenden und oft auch den Lernenden das Ergebnis des Experiments bereits vor Versuchsbeginn bekannt, weshalb dann vom bestätigenden Experiment gesprochen wird. Eine methodische Variante, das einführende Experiment, dient dem Einstieg in eine neue Fragestellung.
Bei qualitativen Experimenten geht es um die Entscheidung zwischen ja oder nein, ob also ein Faktor eine Rolle spielt oder nicht. Bei quantitativen Experimenten wird stärker differenziert: Mehrere Einzelergebnisse werden in Zahl und Maß ausgedrückt und miteinander in Beziehung gesetzt.
Experimentieren führt zu Lernfortschritten in den verschiedenen Zieldimensionen:

- kognitiv: genaues, konsequentes und planmäßiges Reflektieren, selbstständiges, abstrahierendes und kreatives Denken,
- affektiv-emotional: nur ausdauernde, zielstrebige Bemühungen und gewissenhaftes Arbeiten führen zum Erfolg, Erfolgserlebnisse erhöhen die Motivation für die Beschäftigung mit Biologie,
- psychomotorisch-pragmatisch: Übung des sachgemäßen Umgangs mit Geräten.

Theorieentwicklung

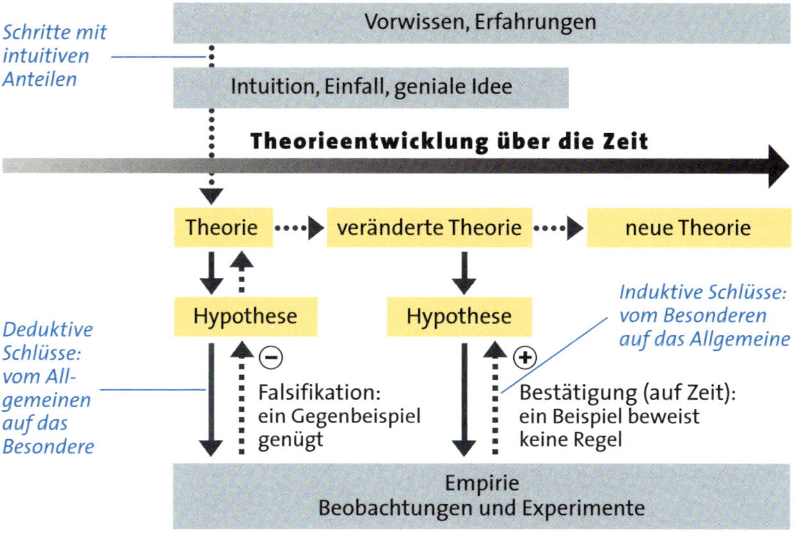

Kriterien zum Experimentieren

Kontrollen: Parallelansätze, Vergleiche unter Minimal- und Optimalbedingungen, Störgrößen konstant halten. Bei Gleichwertigkeit: Vorschlag der Lernenden auswählen

Planbarkeit
Sind Einfluss- und Störgrößen voraussehbar?
Können Daten vorausgesagt werden?

Demonstrationsexperimente: Einzelteile möglichst groß (Beschriften, ggf. ergänzend Skizze); für geeignete Beleuchtung sorgen; eventuell Sitzordnung ändern

Erfahrbarkeit
Ist der Prozess direkt beobachtbar?
Ist die Variation der Einflussgröße erkennbar?
Motiviert das Experiment?

Genauigkeit
Wird quantitativ oder qualitativ ausgewertet?
Wie genau sind die Ergebnisse?
Sind Fehlerquellen erkennbar?

Protokollieren, um Schritte nachzuvollziehen

Sicherheitsbestimmungen beachten

Lernzuwachs
Welches Verständnis biologischer Konzepte, welche Einsicht in biologisches Arbeiten und welche sozialen Ziele werden erreicht?

Ablauf kritisch reflektieren. Unterschiedliche Resultate besprechen: Welche Gegenstände, Bedingungen, Methoden waren anders?

Mikroskopieren

Beim Mikroskopieren mit dem Lichtmikroskop werden die Objekte mit Lichtstrahlen beleuchtet (Auflicht) oder durchleuchtet (Durchlicht). Durch Linsensysteme werden die Lichtstrahlen so gebündelt, dass sie den betrachteten Gegenstand auf der Netzhaut des Auges vergrößert abbilden. Beim Elektronenmikroskop werden die Lichtstrahlen durch Elektronenstrahlen ersetzt.

Auflösungsvermögen

Vor dem Mikroskopieren sollten Schüler die Arbeit mit der Lupe lernen. Die eingefassten Sammellinsen mit zwei- bis fünfzehnfacher Vergrößerung hält man sich dicht vor das Auge und führt dann das Untersuchungsobjekt so dicht heran, bis man es scharf sieht. Lupe, Lichtmikroskop und Elektronenmikroskop verbessern das Auflösungsvermögen des Auges: Der normalsichtige Mensch kann mit einem Auge aus 25 cm Entfernung zwei Punkte, die 100 μm (ca. eine Haaresbreite) auseinander liegen, getrennt erkennen. Das Auflösungsvermögen der Lupe beträgt 10 μm, des Schulmikroskops 0,2 μm und des Elektronenmikroskops 0,0003 μm.

Erkenntnisgewinn

Die Lichtmikroskopie eröffnete im 17. Jahrhundert vertiefte Einblicke in Lebewesen, ihre Gewebe, Fortpflanzung und Entwicklung. Kleine Strukturen konnten nun entdeckt und erforscht werden. Dem Mikroskop verdanken wir z. B. die Zelltheorie („Organismen bestehen aus Zellen", „Zellen entstehen aus Zellen").

Mikroskopieren im Unterricht

Erfahrungen bei der Einführung des Zellbegriffs in der 5. Jahrgangsstufe zeigen, dass die Schüler ab dieser Klassenstufe durchaus in der Lage sind, Mikroskope zu bedienen, Schnitte anzufertigen und zu fruchtbaren Ergebnissen zu kommen. Schwierigkeiten gibt es vor allem bei der Deutung des Gesehenen. Dabei kann der Einsatz von Modellen helfen, z. B.: 3D-Zellmodell zur Lage von Organellen, in Schnittebenen beschriftete Glasplatten mit Abstandshaltern auf dem Overhead-Projektor als Modell für das Fokussieren.

Das Lichtmikroskop erlaubt es, unbeweg-te Objekte (z. B. Pflanzenzellen) sowie das Verhalten mikroskopisch kleiner Lebewesen (z. B. Euglena) zu beobachten oder auch Experimente durch gezielte Veränderungen von Bedingungen (z. B. Plasmolyse) durchzuführen.

Mikroskopieren eröffnet kognitive, affektive und psychomotorische Lernmöglichkeiten: Das Abstraktions- und Vorstellungsvermögen der Lernenden wird geschult, wenn sie das zweidimensionale mikroskopische Bild in die dreidimensionale Vorstellung vom Realobjekt übersetzen. Durch den Umgang mit dem Objekt und dem empfindlichen Gerät wird die Feinmotorik der Lernenden geschult und gelernt, sehr genau auf Details zu achten. Bei der Beschreibung des Gesehenen wird die Ausdrucksfähigkeit geübt; das Zeichnen unterstützt die Fähigkeit zur exakten Beobachtung. Mikroskopieren ist für die Lernenden anregend und kann Entdeckerfreude auslösen.

Das Mikroskop

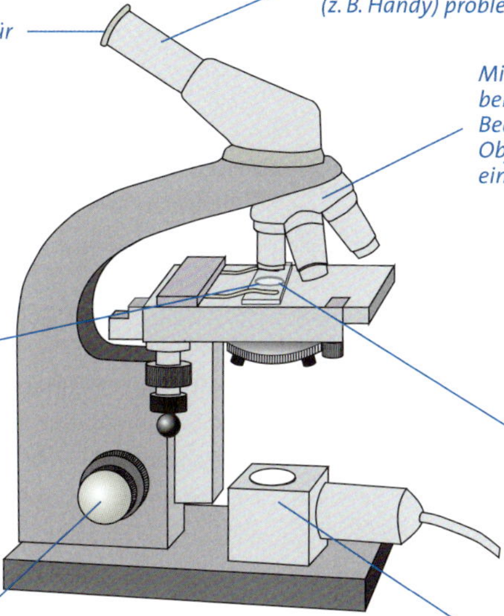

Auf unverkrampfte Körperhaltung achten, beide Augen geöffnet halten, für beide Augen die Leuchtdichte angleichen, direktes Sonnenlicht vermeiden.

Mikroprojektion hilft bei der gemeinsamen Erarbeitung; Fotos sind mit Digitalkameras (z. B. Handy) problemlos zu machen.

Mikroskopbestandteile benennen, sachgerechte Bedienung (Beleuchtungs-, Objektiv-, Schärfeeinstellung).

Zweidimensionales mikroskopisches Bild der Zelle in eine räumliche Struktur übersetzen.

Zunächst einfache Gegenstände (Haar, Feder) in Auf- und Durchlicht mit schwächster Vergrößerung mikroskopieren. Objekte müssen leicht beschaffbar, die Zellen und ihre Inhalte groß, die Präparate leicht herstellbar sein. Zellkerne mit Methylenblau hervorheben.

Mit dem Feintrieb verschiedene Ebenen scharf stellen, um die räumliche Struktur und verschiedene Zellen zu erkennen.

typische und häufige Fehler beim Mikroskopieren durch gezielte Übungen und Hilfen bei der Fehlersuche erkennen und abstellen.

Das Zubehör

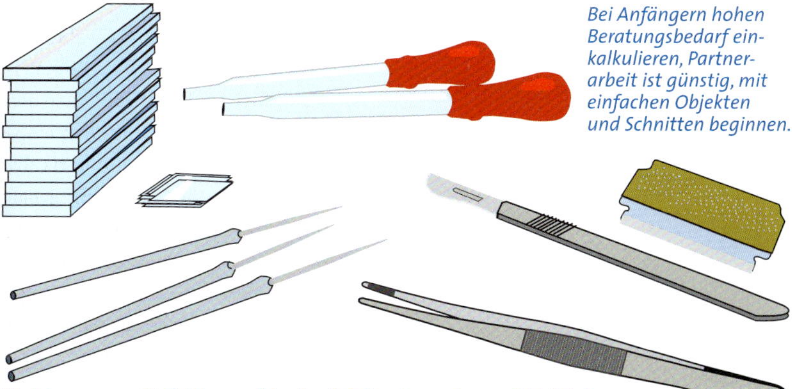

Bei Anfängern hohen Beratungsbedarf einkalkulieren, Partnerarbeit ist günstig, mit einfachen Objekten und Schnitten beginnen.

Verletzungs- und Infektionsgefahr durch Präparierwerkzeug, Objektträger und Deckgläser beachten, Rasierklingen einseitig mit Pflaster bekleben.

Vergleichen, Ordnen und Bestimmen

Vergleichen, Ordnen und Bestimmen spielen wegen der Mannigfaltigkeit auf allen Ebenen des Lebendigen eine besondere Rolle. Vergleichen hilft einerseits, diese Vielfalt zu ordnen, andererseits wird dabei offensichtlich, dass alle Organismen in wesentlichen Eigenschaften übereinstimmen.

Vergleichen ist ein theoriegeleitetes Vorgehen, bei dem nach der Auswahl von Vergleichskriterien mindestens zwei Objekte oder Vorgänge einander gegenübergestellt werden. Vergleiche betreffen z. B. morphologisch-anatomische Elemente und die damit verbundenen Funktionen oder Abläufe wie Fortpflanzungs- und Entwicklungsvorgänge sowie Verhaltensweisen.
Vergleichen ist eine Handlung, bei der ein Beobachter unter denselben Kriterien zwei oder mehr Objekte oder Ereignisse beobachtet und Daten zu Eigenschaften erhebt. Dann prüft er, ob eine Äquivalenzrelation vorliegt, also die Eigenschaften gleich oder ungleich sind. Mit dieser Prüfung geht der Vergleich über die Beobachtung hinaus, kommt aber ohne sie nicht aus. Ein Vergleich ist als logische Operation abstrakter und für Schüler anspruchsvoller als die reine Beobachtung einzelner Objekte.
Vergleichen erfolgt zweckgerichtet. Der Zweck bestimmt die Auswahl von Kriterien, also welche Eigenschaften oder Merkmale der Objekte für den Vergleich erfasst werden. Das Ergebnis eines Vergleichs wird stärker durch die Auswahl der Vergleichskriterien bestimmt als durch die Objekte selbst. Die Vergleichskriterien können bereits zu Beginn des Vergleichens vorliegen oder erst im Laufe des Verfahrens entwickelt werden. Das Ergebnis des Vergleichens liefert mehr als eine bloße Einteilung in Klassen, denn hierbei wird bewertet, gedeutet und zwischen Wesentlichem und Unwesentlichem unterschieden.

Ordnen. Vergleichen kann zu einer bestimmten Form des Ordnens führen. Alle Objekte, die bestimmte gleiche Eigenschaften zeigen, können zu Klassen zusammengefasst werden. Dabei möchte man Ordnungssysteme erstellen, die zu einer eindeutigen Einteilung der Objekte führen. Dies gelingt, wenn Schritt für Schritt nach jeweils demselben Vergleichskriterium geordnet wird. Alle gebildeten Gruppen unterscheiden sich dann auf jeder Stufe allein in der Ausprägung dieses einen Kriteriums (kriterienstetes Ordnen). Damit Objekte eindeutig zugeordnet werden können, ist eine trennscharfe Definition der für die Entscheidung relevanten Ausprägungen der Eigenschaften oder Merkmale nötig.
Lernende nutzen beim Ordnen von Lebewesen meist keine taxonomischen oder systematischen Klassifizierungskriterien. Statt dessen ordnen sie Tiere nach Lebensraum und Fortbewegung, Pflanzen nach Aussehen, Nützlichkeit und Lebensraum.

Bestimmen. Eine besondere Form des Vergleichens ist das Bestimmen. Dabei wird geprüft, ob spezifisch ausgewählte Merkmale, die an Referenzobjekten gefunden wurden, denen des vorliegenden Individuums gleichen. Ist dies der Fall, kann es einer Art zugeordnet werden und wird damit bestimmt.

Kriterienstetes und kriterienunstetes Ordnen

Aufgabe

Bitte ordne alle abgebildeten Pflanzen und teile sie in Gruppen ein. Du kannst so viele Gruppen bilden, wie du willst. Es ist auch möglich, Gruppen zu bilden, in die nur eine dieser Pflanzen passt.
Besonders wichtig: Gib allen Gruppen einen treffenden Namen.

Diese Aufgabe lösen zwei Lernende (9. Jahrgangsstufe) unterschiedlich.

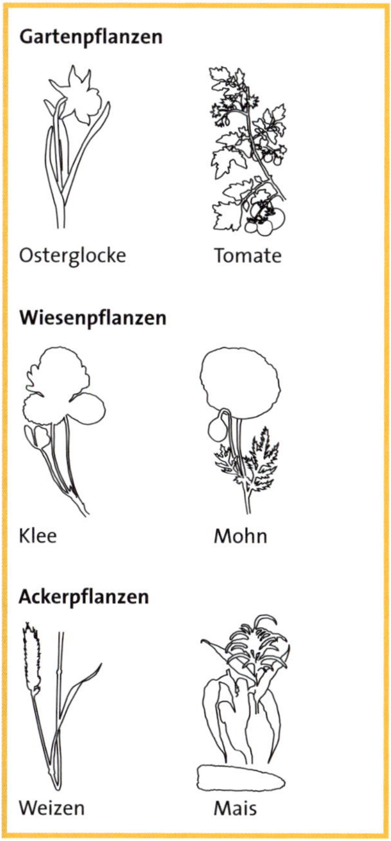

Kriterienstete Ordnung

Die Schülerin bildet, am Gruppennamen erkennbar, drei Gruppen nach nur einem Kriterium: Standort

Kriterienunstete Ordnung

Der Schüler bildet, am Gruppennamen erkennbar, drei Gruppen nach drei verschiedenen Kriterien gleichzeitig: Aussehen, Lebensraum und Nützlichkeit

Protokollieren

Protokollieren heißt das Niederschreiben wesentlicher Punkte eines Versuchs, eines Vortrags oder einer Unterrichtsstunde. Ergebnis ist das Protokoll als ein in Form und Inhalt standardisierter Bericht.

Versuchsprotokoll

Normalerweise wird im Biologieunterricht beim Beobachten und Experimentieren protokolliert, um die eingesetzten Methoden und Arbeitstechniken sowie Befunde schriftlich zu dokumentieren. Dies trägt dazu bei, die Arbeitsschritte zu strukturieren. So werden Aufgaben- und Problemstellungen entwickelt und erfasst, Untersuchungen exakt geplant und gewissenhaft durchgeführt. Das Protokollieren kann dadurch das Verständnis der Prinzipien des naturwissenschaftlichen Arbeitens und Argumentierens fördern.
Protokolle sind auch Gedächtnishilfen, die insbesondere bei Langzeituntersuchungen die Erinnerung an sämtliche Phasen des Gesamtablaufs sichern.
Beim Protokollieren können die Daten als Fließtext, Tabelle, Mindmap oder Zeichnung, Foto und Diagramm erfasst werden.

Einübung. Spätestens ab der fünften Klassenstufe sollte gelernt werden, wie Beobachtungen oder einfache Experimente protokolliert werden.
Das Protokoll kann zunächst einem allgemeinen Schema folgen: Überschrift, Problemstellung, Vermutungen, notwendige Materialien, Versuchsablauf, Beobachtungen bzw. Ergebnisse und Auswertung (Antwort auf die Problemstellung).

Mit der Zeit können anspruchsvollere Protokollschemata angewendet werden, etwa bei Freilanduntersuchungen. Am Anfang empfiehlt es sich, den Schülern die Gliederungspunkte für das Protokoll bei kurzen Beobachtungs- oder Experimentierphasen vorzugeben. Vor dem Beginn von Langzeituntersuchungen sollte geklärt sein, welche Form des Protokollierens als angemessen angesehen wird. Weit wichtiger als das bloße Anwenden von Schemata ist allerdings die Einsicht in den Zweck des Protokollaufbaus.

Vortrags- und Stundenprotokolle

Das Protokollieren von Unterrichtsstunden muss besonders betreut werden. Was inhaltlich in das Protokoll aufgenommen wird, richtet sich nach dem Zweck, den es erfüllen soll: Ist ein Verlaufs- oder Ergebnisprotokoll notwendig? Anfänglich sollten diese Protokolle vorgelesen werden, wesentliche Punkte und offene Fragen besprochen, Unschärfen erläutert, Hilfen für eine anspruchsvolle sprachliche und formale Gestaltung gegeben und die Vervielfältigung der Protokolle gesichert werden. Danach kann dazu übergegangen werden, die Protokollführung für ausgewählte Unterrichtsabschnitte einzelnen Schülern oder Kleingruppen zu übertragen. Die Bedeutung des Protokollierens von Unterrichtsstunden für Lernende und Lehrperson kann dadurch betont werden, dass die korrigierten Protokolle in einer Mappe gesammelt und im Verlauf des folgenden Unterrichts immer wieder herangezogen werden.

Beispiel für ein Untersuchungs-Protokoll

Name *Finja* Klasse *8c*

Thema
Blätter der Rotbuche

Der Untersuchungsgegenstand wird benannt.

Die Frage weist die Zielrichtung der Untersuchung aus.

Problemstellung
Unterscheiden sich Blätter der Rotbuche, die der Sonne ausgesetzt sind von solchen, die dauernd beschattet sind?

Die Hypothese präzisiert die Frage, indem sie deutlich macht, was gemessen werden soll. Die Begriffe Sonnen- und Schattenblatt werden festgelegt.

Hypothese
„Sonnen-" und „Schattenblätter" der Rotbuche unterscheiden sich in der Dicke.

Notwendige Geräte und Materialien werden aufgelistet, ggf. Versuchsaufbauten beschrieben.

Material und Geräte
Sonnen- und Schattenblätter der Rotbuche, Messschieber, Metallplättchen, um beim Messen der Blattdicke mit dem Messschieber die Blätter nicht zu beschädigen (Vermeidung von Messfehlern), Papier, Stift

Die Beschreibung der Messung macht sie nachvollziehbar und wiederholbar.

Durchführung
Je 10 Sonnen- bzw. 10 Schattenblätter mit den Metallplättchen abdecken und die Dicke der 10 Blätter mit dem Messschieber messen. Die Dicke der zwei Metallplättchen bestimmen und abziehen. Messung mit verschiedenen Blättern 5 x wiederholen.

Ergebnisse mit größter Sorgfalt erfassen, damit jederzeit und ohne Verwechslung auf die Daten zugegriffen werden kann

Notieren der Messwerte

Messung:	1.	2.	3.	4.	5.
je 10 Sonnenblätter (Dicke in mm)	3,4	2,7	3,1	2,4	3,1
je 10 Schattenblätter (Dicke in mm)	1,7	2,0	4,7	2,3	1,9

kritische Analyse der Ergebnisse, Interpretation der Daten, Zusammenfassung und Rückbezug auf die Hypothese

Auswertung der Ergebnisse
3. Ergebnis (Schattenblätter) ist sehr hoch; ein Blatt war verdreckt. 3. Messung wird nicht berücksichtigt. Mittelwerte: 10 Sonnenblätter = 2,94 mm, 10 Schattenblätter = 1,98 mm. Daraus folgt: 1 Sonnenblatt = 0,29 mm, 1 Schattenblatt = 0,2 mm. Die Messungen lassen den Schluss zu, dass Sonnenblätter der Rotbuche dicker sind als ihre Schattenblätter.

Zeichnen

Beim Zeichnen werden Objekte, Sachverhalte sowie Zusammenhänge dargestellt. Im Gegensatz zum Malen geht es hier nicht vorrangig um das Gestalten einer Fläche mit Farbe. Zeichnungen werden nach ihrem Abstraktionsgrad eingeteilt.

- Die ***Skizze*** ist eine Zeichnung, die das Erscheinungsbild des Objektes mehr oder weniger vereinfacht wiedergibt. Sie beschränkt sich auf das Wesentliche und ist „erscheinungsaffin".
- Im ***Schema*** wird ein vereinfachtes Muster von einem Objekt oder Zusammenhang anschaulich präsentiert. Es erfasst wesentliche Merkmale und ist daher „merkmalsaffin". Zwischen Skizze und Schema gibt es fließende Übergänge.
- Das ***Symbol*** ist ein Bild- oder Schriftzeichen mit verabredeter oder unmittelbar einsehbarer Bedeutung. Es wird zur verkürzten Darstellung eines Begriffs, Objekts oder Sachverhalts verwendet. Das Symbol wird als „inaffin" bezeichnet, weil mit ihm von der Erscheinungsform und den Merkmalen der bezeichneten Objekte ganz abgesehen wird.

Funktion

Mit dem Zeichnen sollen Informationen über biologische Objekte, ihre Merkmale sowie Zusammenhänge knapp dargestellt werden. Das hilft auch denjenigen, die Schwierigkeiten haben, sich sprachlich auszudrücken.

Daneben fördert das Zeichnen auch psychomotorisch-instrumentelle Fertigkeiten sowie die ästhetische Sichtweise auf Naturobjekte. Grundsätzlich sind Gefühl und ästhetischer Eindruck beim Zeichnen nicht ausgeklammert, vorrangig ist aber die sachliche Richtigkeit einer Zeichnung.

Zeichnungen können die Lernmotivation und geistige Verarbeitung fördern. Während der Entstehung einer Zeichnung haben Lernende Zeit zum Beobachten und Mitdenken. Sind die Zeichnungen präzise, werden Probleme leichter erkannt.

Zeichnungen zeigen der Lehrperson, inwieweit die Lernenden Sachverhalte und Zusammenhänge angemessen erfasst und welche Vorstellungen sie entwickelt haben.

Hilfen

Beim Zeichnen hilft es, nach bekannten Grundformen zu suchen (z. B. Kreis, Dreieck, Zylinder). Diese können die Ausgangsform oder Umrisse zum Zeichnen von Objekten abgeben. Der erste Entwurf wird am besten mit sehr feinen Hilfslinien angelegt, was die Korrektur vereinfacht. Aus wahrnehmungspsychologischer Sicht sind die Gesetze des Sehens zu beachten. Die Lernenden sollen das Wesentliche auf einen Blick erkennen, wozu sonst viele erklärende Worte notwendig wären.

Biologisches Zeichnen, insbesondere beim Mikroskopieren, muss geübt werden. Leichte Zeichenaufgaben betreffen flache Gebilde (z. B. Blätter), schwieriger sind in dieser Reihenfolge Längs- und besonders Querschnitte.

Die Zeichnungen sind eher zu groß als zu klein anzulegen: Man sollte immer mit Bleistift zeichnen.

Tafel- oder Folienzeichnung

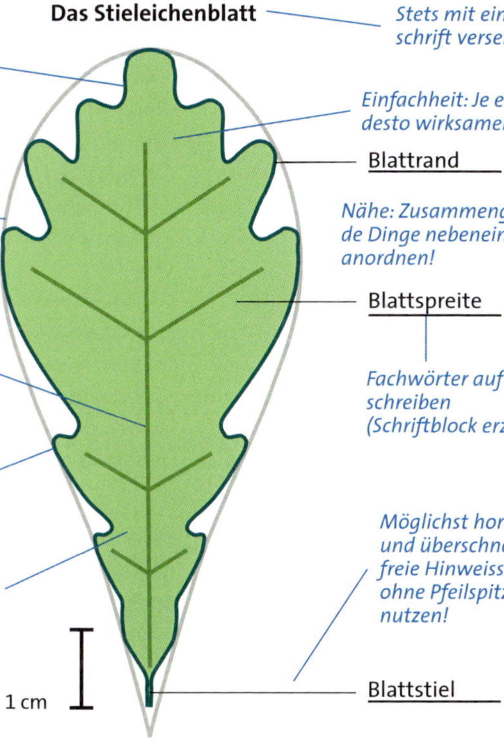

Figur-Kontrast-Unterschied: Konturen deutlich vom Untergrund abheben!

Einfache Konturlinie als Hilfe dünn vorzeichnen!

Symmetrie: Hilft beim Einprägen!

Für die Heftzeichnung kann Original als Schablone dienen!

Farbe nur, um die Form besser zur Geltung zu bringen!

Maßstab angeben, um auf Originalgröße zu schließen!

Stets mit einer Überschrift versehen!

Einfachheit: Je einfacher, desto wirksamer!

Nähe: Zusammengehörende Dinge nebeneinander anordnen!

Fachwörter auf Striche schreiben (Schriftblock erzeugen)!

Möglichst horizontale und überschneidungsfreie Hinweisstriche ohne Pfeilspitzen nutzen!

Beschreibung rechts von der Zeichnung anlegen (Schreibrichtung!)

Vorübung zum mikroskopischen Zeichnen

1. Mikroskopisches Foto vorlegen, z. B. Zellen von Zwiebelwurzelspitzen.

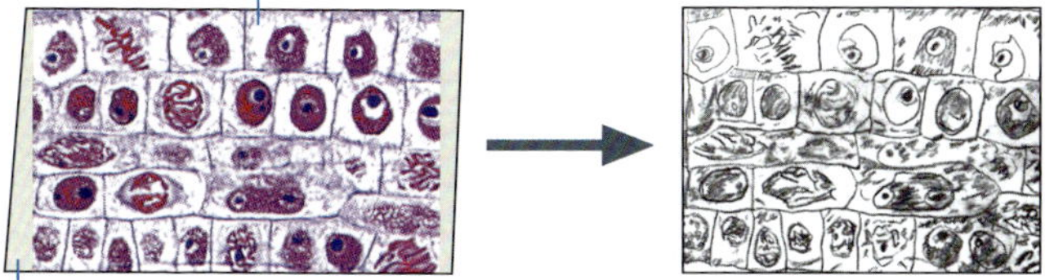

2. Auf aufgelegtes Pergamentpapier zeichnen lassen!

3. Über das Zeichnen reflektieren, z. B.: Was sehe ich, was zeichne ich? Wie viel muss ich zeichnen? Habe ich richtig beschriftet?

Mathematisieren

Daten, die beim Beobachten oder Experimentieren gewonnen wurden, werden bei der Auswertung – soweit sinnvoll – in eine mathematische Sprache übersetzt. Es werden drei Formen unterschieden:

- Formalisierung: Nutzung eindeutiger Symbolsysteme, z. B. das Summenzeichen (Σ) oder Zeichen für größer als (>). Diese Symbole haben international dieselbe Bedeutung.
- Quantifizierung: Darstellung quantitativ erfassbarer Gesetzmäßigkeiten in Zahlen und Größensystemen sowie die Anwendung von Rechenverfahren. Die Aufspaltungsverhältnisse bei Erbgängen sind solche Quantifizierungen.
- Modellierung: Möglichst präzise Abbildung umgangssprachlich gefasster Denkmodelle in einem mathematischen Modell. Der Nutzen der Modellierung wird deutlich, wenn die Ergebnisse, die mit dem mathematischen Modell gewonnen wurden, auf die originale Situation bezogen werden. Eine solche Anwendung findet man z. B. in der Populationsgenetik mit dem Hardy-Weinberg-Gesetz.

Nutzen der Mathematisierung

Durch Mathematisierungen werden Aussagen präzisiert und eindeutig formuliert. Zusammenhänge, die in der Alltagssprache oft lange Satzfolgen notwendig machen, können durch Mathematisierungen leichter beschrieben werden. Die Modellierung biologischer Sachverhalte fördert im doppelten Sinne die Entwicklung der Sprachkompetenz. Einerseits müssen biologische Sachverhalte zunächst aus der Alltagssprache in die Fachsprache der Biologie und dann in die Formalsprache der Mathematik übersetzt werden. Andererseits sind bei der Rückübersetzung aus der mathematisierten Form in die Alltagssprache sprachliche Leistungen zu erbringen.
Mathematische Modelle sind auch für das Arbeiten mit Realmodellen bedeutsam. Die von der verwendeten Theorie bestimmten Eigenschaften von Modellen sind beim mathematischen Modellieren klar erkennbar (z. B. bei Computersimulationen). Die mathematische Modellierung ermöglicht Prognosen über das zukünftige Verhalten eines Biosystems und vermittelt Einsichten in wesentliche Systemzusammenhänge.

Probleme der Mathematisierung

Mathematisierungen können durch ihre große Suggestionskraft auch zu der Annahme führen, alles Biologische sei grundsätzlich berechenbar, wenn man nur die richtigen Formeln kenne. Hier ist kritische Distanz gefordert, wenn z. B. mit Simulationen ökologische Prozesse angeblich eindeutig determiniert werden oder durch Computerberechnungen aus der Messung von Gehirnaktivitäten eine Vorhersage über das Verhalten des Menschen gelingen soll.

Beispiele

Einfache Mathematisierungen bieten sich in vielen Bereichen an: z. B. um die Höhen von Bäumen zu bestimmen (Strahlensatz) die Oberflächenvergrößerungen bei Organen zu berechnen (Würfeloberflächen) oder Wachstumsprozesse mit Exponentialfunktionen zu beschreiben.

Beispiel einfacher Mathematisierung

Oberflächenvergrößerung in der Lunge

Idee: Lungenoberfläche als Würfeloberfläche darstellen
Ein Würfel mit 10 cm Kantenlänge, neunmal an allen Kanten halbieren.

Zur einfacheren Berechnung Alveolen nicht als Kugel, sondern als Würfel denken.

Würfel und seine Abwicklung als Würfelnetz

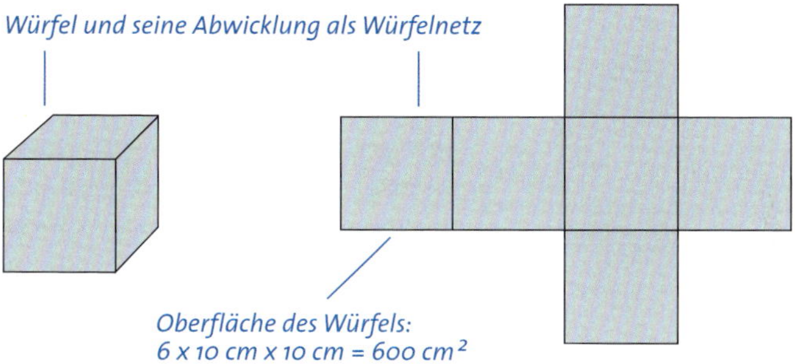

Oberfläche des Würfels:
$6 \times 10\ cm \times 10\ cm = 600\ cm^2$

Erster Halbierungsschritt

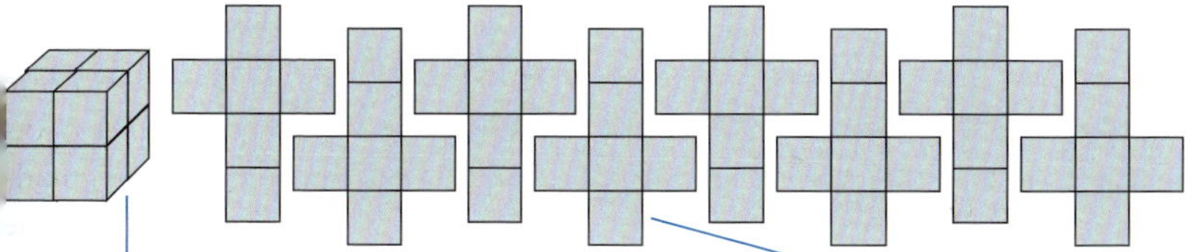

Es entstehen acht Würfel der Kantenlänge 5 cm.

Oberfläche der acht Würfel:
$8 \times 6 \times 5\ cm \times 5\ cm = 1200\ cm^2$

Wiederholt man dies noch weitere acht Mal, so ergibt sich als Oberfläche $O = 30{,}72\ m^2$.

$2^9 \times 6 \times 10\ cm \times 10\ cm$
$= 307\,200\ cm^2 = 30{,}72\ m^2$

Die Kantenlänge der Würfel ergibt 0,2 mm. Dies entspricht dem tatsächlichen Durchmesser einer Alveole.

$10\ cm/2^9 = 10\ cm/512$
$= 0{,}0195\ cm \approx 0{,}2\ mm$

Berechnung der Alveolenanzahl eines Würfels:
$(2^3)^9 = 2^{(3 \times 9)} = 134\,217\,738 \approx 134$ Mio.

Die Oberfläche der menschlichen Lunge beträgt ca. 100 m². Werden drei Würfel der beschriebenen Prozedur unterworfen, ergibt sich die gewünschte Oberfläche (92,16 m²) und ferner mit ca. 300 Millionen in etwa die gewünschte Anzahl an Alveolen.

Vielfalt und Funktion von Medien

Unterrichtsmedien sind Lehr- und Lernmittel, d.h., sie werden zur Vermittlung von Informationen eingesetzt, die für Lehr- und Lernprozesse relevant sind. Lehrende und Lernende werden hier nicht als Medien betrachtet, da sie im Unterricht auch vielfältige weitere Aufgaben erfüllen.

Vielfalt

Unterrichtsmedien sind zum Teil so komplex, dass eine Systematisierung nach sehr vielen Gesichtspunkten möglich ist. Häufig werden sie durch die Sinnesmodalität charakterisiert, die sie ansprechen. Neben dem visuellen Sinn (Gesichtssinn) und dem auditiven Sinn (Gehörsinn) spielen im Biologieunterricht der haptische (taktile Sinn, Tastsinn) und der olfaktorische Sinn (Geruchssinn) sowie der Geschmackssinn eine wichtige Rolle. Man bezeichnet die Sinnesmodalitäten missleitend auch als sogenannte Kanäle und spricht dabei von „Einkanal-Systemen" (visuelle Medien wie Dias oder auditive Medien wie Vogelstimmen-CDs) und „Mehrkanal-Systemen" (wie „audiovisuelle Medien", AV-Medien, z.B. Tonfilm, Fernsehen).

Bedeutsamer ist die Unterscheidung von Primär- und Sekundärerfahrung. Von Primärerfahrung spricht man, wenn Lernende mit ihren Sinnen unmittelbar oder mittelbar durch Geräte, die die Leistung der Sinnesorgane erweitern (z.B. Lupe, Mikroskop, Fernglas, Stethoskop, Blutdruckmessgerät), mit originalen Gegenständen in Kontakt treten.

Bei der Sekundärerfahrung begegnet man nicht unmittelbar dem Naturgegenstand, sondern Nachbildungen, Bildern, Modellen, Schemata, Texten oder Symbolen. Sekundärerfahrung ist meist eine durch die Art der Vermittlungsinstanz – des Mediums – gefilterte Erfahrung. Primär- und Sekundärerfahrungen sind nicht scharf zu trennen, sondern bilden ein Kontinuum. Dementsprechend lassen sich die Medien in der Spannung zwischen Primärerfahrung mit den Originalen und der Sekundärerfahrung mit den Abbildern anordnen. Dies stellt zugleich eine Spannungslinie vom Konkreten zum Abstrakten dar.

Die Geräte, mit deren Hilfe Informationen vermittelt werden, lassen sich entsprechend auch anhand der Stärke des Eingriffs in den Gegenstand vom Dokumentieren bis zum Experimentieren anordnen.

Funktionen

„Unterrichtsmedien sind ‚tiefgefrorene' Ziel-, Inhalts- und Methodenentscheidungen. Sie müssen im Unterricht durch das methodische Handeln von Lehrern und Schülern wieder ‚aufgetaut' werden" (Hilbert Meyer).

Medien sollten im Unterricht entsprechend den Unterrichtszielen methodisch überlegt eingesetzt werden. Durch Medien können Erfahrungen gestiftet, Vorstellungen bereichert und Erkenntnisse gewonnen werden. Sie dienen daher vorwiegend

- als Erlebnis- und Erfahrungshilfen (z.B. lebende Organismen, Naturfilme, Geräte zur Beobachtung),
- als Erkenntnis- und Informationshilfen (z.B. Modelle, Diagramme).

Medien im Biologieunterricht

Geräte	Zusammengesetzte Medien, Multimedia	Anschauungsobjekte
		Originale
Dokumentieren: Kameras, Projektoren, Recorder, Messgeräte		**Lebewesen** Teile von Lebewesen: Organe, Zellen Produkte von Lebewesen: Bauten, Materialien
Beobachten		**Präparate** **Abgüsse** **Nachbildungen**
Untersuchen: Lupen, Mikroskope, Ferngläser, Seziergeräte		**Naturdokumente** Naturfilme Naturbilder Tondokumente z. B. von Tierstimmen
	Schulbücher, Arbeitsransparente, Wandbilder, Portfolio, Lernspiele, Lehrfilme	**Modelle** Strukturmodelle Funktionsmodelle
Experimentieren: Glasgeräte, Labyrinthe, Skinnerboxen, Thermoorgeln		**Schemata** **Diagramme**
Multifunktion: Computer	Lernsoftware, Simulationen, Werkzeugprogramme, Messwerterfassung, Präsentationen	**Texte** **Symbole**
↓ Zunehmender Eingriff		↓ Zunehmende Abstraktion
		Abbilder

Lebewesen

Lebewesen fördern in besonderer Weise die Lernmotivation, affektive Lernziele und die Beobachtung biologischer Phänomene.

Einsatz

Es sind folgende Aspekte zu beachten:

- Lebewesen sprechen meist mehrere Sinne an, was die Beobachtung erschwert.
- Lernende ziehen Beobachtungen von Tieren den Pflanzen vor, weil Tiere reagieren.
- Spontaneindrücke, zu starke Zuwendung oder emotionale Sperren können lernhinderlich sein.
- Anthropomorphismen (Vermenschlichungen) können eine fachliche Perspektive erschweren. Andererseits stiften sie Beziehungen und erleichtern so biologisches Verstehen. Sie sollten deshalb als Lernhilfe im Sinne eines „Als ob" reflektiert werden.
- Bezüglich der Lerneffektivität gibt es voneinander abweichende Untersuchungsergebnisse. Der Einsatz von Lebewesen allein ist keine hinreichende Maßnahme für erfolgreichen Unterricht.
- Beobachten und Experimentieren mit Lebewesen ist effektiv, wenn das Lernen emotionale Faktoren einschließt, aber vor allem auf Erkenntnis ausgerichtet ist.

Lebewesen begegnen Lernenden bei Exkursionen und Freilandarbeit meist unter ökologischer Fragestellung. Im Klassenraum können vor allem morphologische, physiologische und verhaltensbiologische, seltener genetische Fragen mit Experimenten und Beobachtungen geklärt werden.

Auswahl und Pflege

Bei Tieren für den Unterricht sollte vor allem auf einheimische Arten und auch auf Heimtiere zurückgegriffen werden. Bei der Auswahl von Pflanzen sind die zu bevorzugen, an denen man deutliche Veränderungen beobachten kann oder die charakteristische Erscheinungen eindeutig zeigen.

Für die Haltung der Lebewesen sind Sicherheits-, Tier- und Naturschutzbestimmungen zu beachten. Tiere müssen artgerecht behandelt und gehalten werden. Beim mikrobiologischen Arbeiten ist auf Hygiene zu achten. Die Beschaffung der Lebewesen erfolgt vorrangig über zoologische Fach- oder Blumengeschäfte.

Pflegen von Pflanzen und Tieren bedeutet eine längerfristige Beschäftigung mit den Lebewesen. Mit dem Ausdruck Pflege soll gegenüber der Bezeichnung Haltung betont werden, dass es sich nicht nur um das Bereitstellen von Material handelt. Häufig vermehren sich die Lebewesen in der Pflege. Züchten, eine auf Veränderung gerichtete Vermehrung von Pflanzen oder Tieren, spielt im Bereich der Genetik eine Rolle.

Durch die Pflege werden die Ansprüche und Lebensgewohnheiten der Tiere und Pflanzen deutlich. Dies fördert das Verständnis für ökologische Zusammenhänge, Struktur-Funktions-Beziehungen oder Fortpflanzungs- und Entwicklungsvorgänge.

Die aktive Zuwendung beim Pflegen ist besonders wichtig für die Einstellungs- und Verhaltensbildung der Lernenden und übt das verantwortliche und fürsorgliche Handeln gegenüber der lebendigen Natur.

Einrichtung eines Warmwasseraquariums

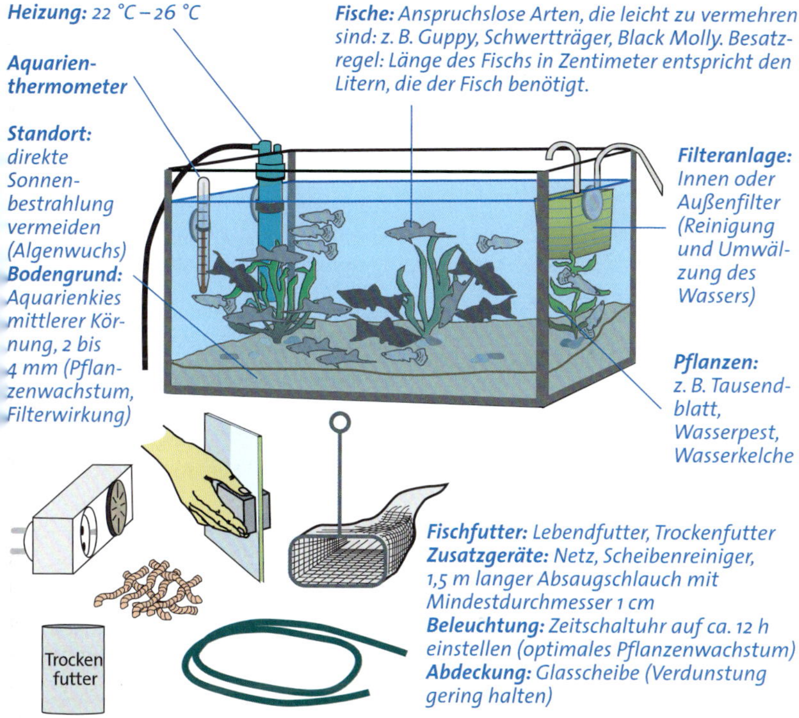

Eignung von Lebewesen für die Schule
- Sie sollen biologisch interessant sein.
- Sie sollen sich leicht und billig auch in größerer Anzahl halten lassen.
- Sie sollen nicht zu hohe finanzielle und zeitliche Ansprüche stellen.
- Sie sollen nicht viel Platz und möglichst keine Spezialräume erfordern.
- Sie sollen nicht durch laute Geräusche oder unangenehmen Geruch stören.

Pflegeplan
- Gute Betreuung der Tiere auch in den Ferien sicherstellen.
- Viele Lernende an der Pflege beteiligen.
- Identifikation mit der Aufgabe erreichen.
- Pflegegruppen aus 3–4 möglichst unterschiedlich interessierten und erfahrenen Lernenden bilden.
- Jede Gruppe ist im Laufe des Schuljahres 1 x für 3–5 Wochen für die Pflege verantwortlich.
- Jede Gruppe führt ein Protokoll über Veränderungen am Vivarium bzw. an den Tieren.
- Jede Gruppe berichtet über besondere Ereignisse.

Modelle

Unter einem Modell wird das Abbild eines Originals verstanden, das für einen bestimmten Zweck verwendet wird. Abbilder können theoretische Konstrukte (Denkmodelle) oder Gegenstände (Anschauungsmodelle) sein. Modelle werden häufig dann gebildet, wenn ein natürliches Phänomen nicht direkt zugänglich ist. Modelle haben

- Anschauungsfunktion, da sie Strukturen, Prozesse oder theoretische Konstrukte verdeutlichen,
- denkökonomische Funktion, da sie den Zugang zu Sachverhalten und Problemlösungen vereinfachen,
- heuristische Funktion, wenn sie durch ihren hypothetischen Charakter die Problemfindung ermöglichen.

Modellbildung

Jeder Modellbildungsprozess beginnt mit der Absicht, Ursache-Wirkungs-Zusammenhänge zu veranschaulichen, zu erklären oder vorauszusagen. Dafür entwickelt der Modellierer, ausgehend vom Original, unter Bezugnahme auf eine Theorie ein mentales (gedankliches) Modell. Dieses Denkmodell enthält nur wesentliche Eigenschaften. Erweist es sich im Gedankenexperiment als tauglich, erfolgt die Umsetzung in ein Anschauungsmodell. Versagt das Anschauungsmodell, wird es modifiziert oder verworfen. Erfüllt es seinen Zweck, unterliegt es der Modellkritik. Dabei werden folgende Eigenschaften des Modells identifiziert:

- Entsprechungen: angemessen abgebildete Eigenschaften,
- Verkürzungen: nicht angemessen abgebildete Eigenschaften,
- Beiwerk: theoretisch überflüssige (aber praktisch notwendige) Eigenschaften.

Ein Modell muss dem Original in den wesentlichen Eigenschaften entsprechen. Diese müssen adäquat und auf das Wesentliche reduziert sowie exakt genug sein, um in einem definierten Bereich Vorhersagen über das Original zuzulassen (Kriterien der Entsprechung, Adäquatheit, Fruchtbarkeit).

Lernen mit Modellen

Anschauungsmodelle sind dann leicht zu verstehen, wenn sie als Homologmodelle – wie bei einem Organmodell – das reale Objekt möglichst naturgetreu darstellen. Der Umgang mit Analogmodellen ist schwieriger, wenn lediglich funktionale Ähnlichkeiten – wie beim Vergleich von Auge und Kamera – abgebildet werden.

Lernende sehen Modelle oft als naturgetreue Kopie der Realität an, die durch Veranschaulichung zum Verständnis unbekannter Sachverhalte beitragen. Die theoretische Funktion von Modellen im Erkenntnisprozess bleibt vielen Lernenden unklar. Zur Entwicklung einer Modellkompetenz gehören das Reflektieren über Modelle sowie Fähigkeiten zum Umgang mit Modellen. Dafür sollten Vorstellungen zu folgenden Aspekten entwickelt werden: Eigenschaften von Modellen, ihr Theoriegehalt, ihre Zweckgebundenheit. Beim Umgang mit Modellen geht es um Fähigkeiten, diese Kenntnisse anzuwenden und zu einer überlegten Auswahl, Anwendung und Bewertung von Modellen zu kommen.

Modellbildung

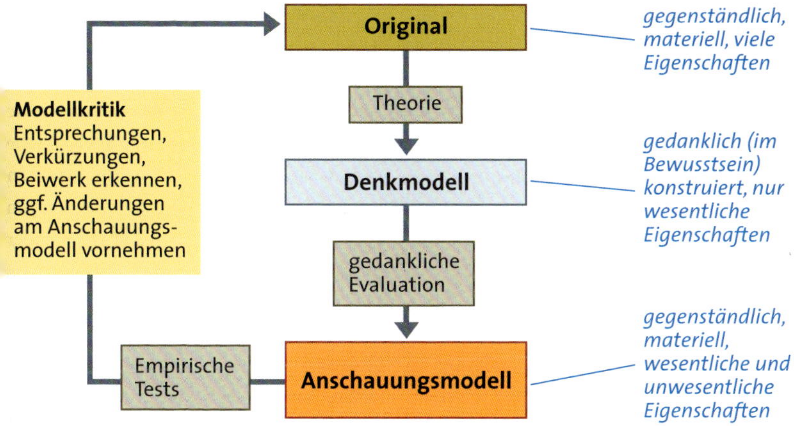

Modellkritik am Beispiel Zwerchfellatmung

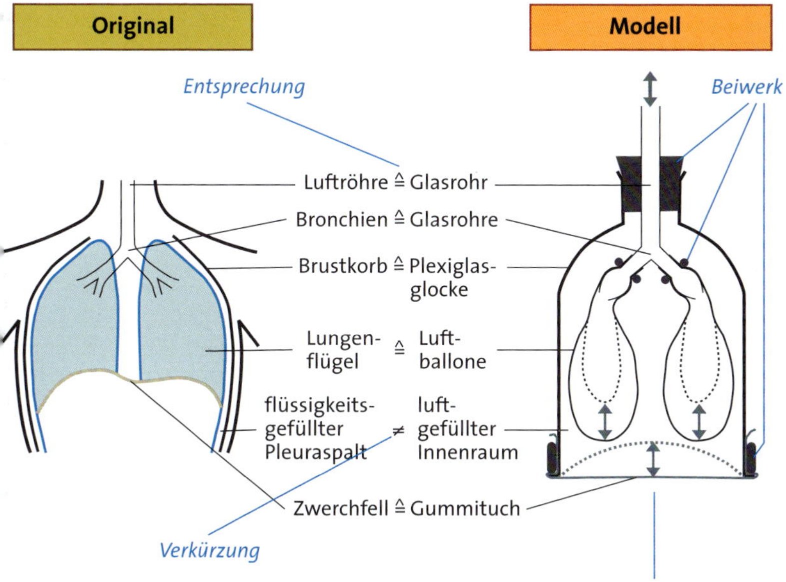

Weitere Verkürzungen: Material des Funktionsmodells entspricht nicht dem Original; Größenverhältnisse stimmen nicht. Das Zwerchfell entspannt sich beim Ausatmen, im Modell wird die Gummihaut bei der üblichen Handhabung gespannt.

Bilder

Unter den vielen Medien, die im Biologieunterricht eingesetzt werden können, kommt den Bildern eine besondere Bedeutung zu. Sie weisen eine große Vielfalt in Bezug auf Typen, Formen und Inhalte auf und sind in der Regel ohne großen Aufwand einsetzbar. Im umfassenden Sinne gehören Hörbilder auch zu den Bildern. Tierstimmen spielen für den Biologieunterricht eine besondere Rolle.
Im Biologieunterricht sind die folgenden Typen von Stehbildern von Bedeutung:
- naturgetreues Bild: „Naturbilder" (Naturfoto, bildhafte Zeichnung);
- Skizze (vereinfachte Wiedergabe der Gestalt bzw. der Erscheinung des Naturobjekts);
- Schema (vereinfachte Umrisszeichnung, Blütengrundriss, Bauplanzeichnung, Ikone);
- Symbol, Formel (Buchstabe oder Bildelement, die in Formeln kombiniert werden (chemisches Symbol, Reaktionsformel, Blütenformel). Da Symbol und Formel merkmalsinaffin sind, werden sie meist nicht zu den Bildern gerechnet, obgleich es durch bildhafte Elemente Übergänge zum Schema gibt;
- Diagramm (Grafiken mit mathematischen Funktionen);
- künstlerische Illustration (z. B. Karikatur);
- geographische Karte (z. B. von Verbreitungsgebieten);
- Stehbildkombinat (z. B. Collage, Poster, Wandbild).

Einsatz im Unterricht

Bilder fokussieren die Aufmerksamkeit der Lerngruppe auf einen speziellen Aspekt, fördern genaues Hinsehen, Nachdenken und Verbalisieren. Für den Wissensaufbau eignen sich alle Bildsorten, die eine Herausforderung an die Lernenden darstellen. Damit nicht nur eine oberflächliche Betrachtung stattfindet, sollten weniger komplexe, weil abstrahierende Bildtypen (Schema, Skizze) durch Naturbilder oder Originale ergänzt werden. Nicht zuletzt spielen ästhetische Aspekte bei der Betrachtung und Analyse von Bildern jeder Art eine wesentliche Rolle für das Lernen, das sie fördern, aber auch behindern können. Der Umgang mit Bildern ist themenabhängig: Durch Ordnen von Bildern können sich die Lernenden im Systematisieren üben, z. B. beim Thema „Verwandtschaft bei Tieren". Bei aktuellen Themen können die Lernenden dazu angeregt werden, Bilder aus Zeitschriften und Illustrierten zu sammeln und ins „Arbeitsheft" oder das „Portfolio" einzukleben.
Bei Themen der Gesundheitserziehung (Rauchen, Drogen) kann man die Lernenden zum Herstellen von Collagen oder einer „Wandzeitung" anregen.
Diareihen und Tonbildreihen sind weitgehend durch multimediale Präsentationen mit dem Computer abgelöst worden. Diese haben den Vorteil der Animation und der Kombination mit Lauf- und Hörbildern. Sie verführen allerdings häufig zur Überfrachtung mit Eindrücken und Informationen.

Kombination verschiedener Bildtypen: Steckbrief eines Schneeglöckchens

Oberirdische Teile, Naturbild (Foto)

erscheinungsgetreu

rscheinungsaffin

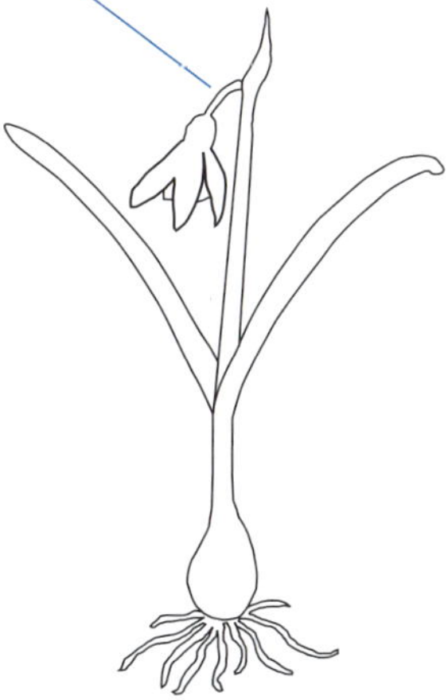

Aufbau der Pflanze, Skizze

merkmalsaffin

Blütengrundriss, Schema

bbildung mathematischer Größen

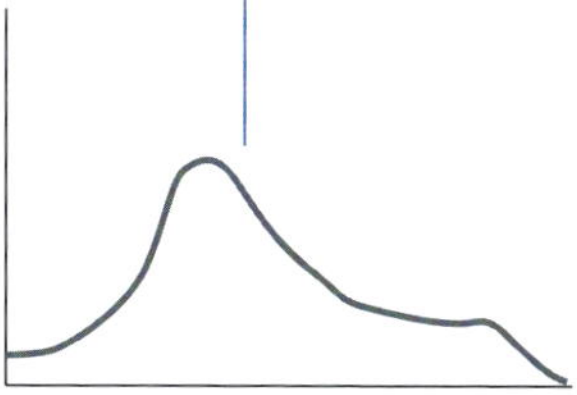

Austrieb-, Blüh- und Ruhezeiten, Diagramm

nicht erscheinungs- und merkmalsinaffin

$\ast P\ 3+3\ \ A\ \ 3+3\ \ G\ \ \overline{(3)}$

Blütenformel, Symbol

Diagramme

Diagramme sind grafische Darstellungen, in denen mathematische bzw. logische Größen und Operationen wie Relationen, Mengen, Anzahlen und Ausmaße abgebildet werden. Die in den Diagrammen enthaltene Mathematisierung stellt Zusammenhänge und Strukturen heraus. Die Darstellung soll helfen, Gleich- und Verschiedenartiges leichter zu erkennen. Beobachtungen und Versuchsergebnisse werden nicht nur dargestellt, sondern auch schon interpretiert. In der ordnenden, verdeutlichenden und interpretierenden Funktion liegt die wesentliche didaktische Aufgabe von Diagrammen.

Lernen mit Diagrammen

Das Arbeiten mit Diagrammen wird am besten gelernt, indem diese selbstständig von den Lernenden entwickelt und dann gemeinsam analysiert und interpretiert werden. Fragen sind u.a.: Wurde ein angemessener Diagrammtyp gewählt? Wurde das Diagramm korrekt und vollständig erstellt? Werden Diagramme konsequent im Unterricht konstruiert und verwendet, kann deren Bedeutung erkannt und somit eine Auswahl bei der Auswertung und Darstellung eigener Daten gezielt erfolgen.

Grundsätzlich gilt bei Diagrammen, dass die verwendeten Symbole nur mit Hilfe der Legende verstanden werden können, dass sie eine Überschrift besitzen, die den Inhalt präzise angibt, und dass Größen, Einheiten und Beträge exakt anzugeben sind.

Anzahlen

Bei Anzahlen oder Ausmaßen wird zwischen diskreter und stetiger Verteilung von Werten unterschieden. Eine diskrete Verteilung liegt dann vor, wenn die Werte anschaulich voneinander getrennt bzw. isoliert vorliegen. Diskrete Verteilungen werden im Punktdiagramm dargestellt. Hierbei werden keine Verbindungslinien zwischen den Punkten gezeichnet, weil diese einen kontinuierlichen Prozess andeuten und damit Messwerte vortäuschen, die es oft nicht einmal theoretisch gibt (z.B. halbe Personen).

Auch ein Säulen- (senkrecht) oder Balkendiagramm (waagerecht) ist für Zahlenwerte geeignet, deren Messungen nicht kontinuierlich erfolgten. Kontinuierliche Daten werden als eng aneinander gerückte Säulen im Histogramm dargestellt.

Werden Daten im Sinne eines gesetzmäßig ablaufenden Prozesses gedeutet, in dem grundsätzlich jeder beliebige Zwischenwert denkbar ist, spricht man von einer stetigen Verteilung. Eine stetige Verteilung wird im Kurvendiagramm dargestellt. Es ergibt sich ein sprungloses Kurvenbild wie bei einer Geraden oder Parabel. Eingezeichnete Linien sind Interpolationen zwischen den Messpunkten. Sie stellen die wahrscheinlichen Ergebnisse nicht vorgenommener Messungen dar und sind als Interpretationsleistung vom Eintragen der Messpunkte zu unterscheiden.

Anteile an einer Gesamtheit lassen sich gut im Kreissektorendiagramm (Tortendiagramm) darstellen. Will man Anteile mehrerer Aspekte von Gesamtheiten vergleichen, so kann man die Werte in einem Mehr-Achsendiagramm (Sterndiagramm) vereinen.

Einfache Diagrammtypen

Diagramme für Anzahlen bzw. Ausmaße		**Bemerkungen**	**Beispiel**
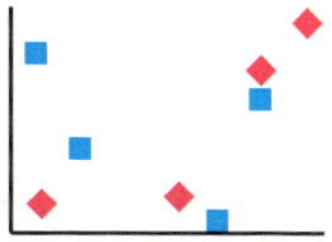	**Punktdiagramm**	diskrete Verteilung, keine kontinuierliche Messung, absolute oder relative Häufigkeiten; Säulendiagramm um 90° gedreht: Balkendiagramm	Sterblichkeit von Rauchern in Abhängigkeit vom Zigarettenkonsum
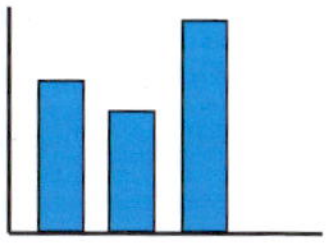	**Säulendiagramm**		
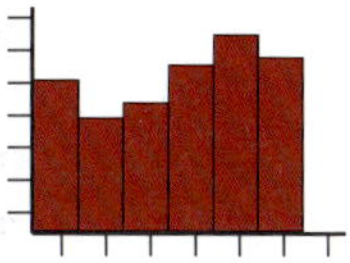	**Histogramm**	diskrete Verteilung, kontinuierliche Messung	Anzahl der Nachkommen in Abhängigkeit vom Alter
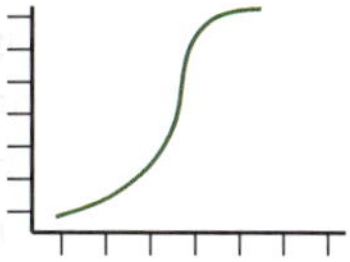	**Kurvendiagramm**	stetige Verteilung, jeder Wert existiert theoretisch, unabhängige Variable (x-Achse), abhängige Variable (y-Achse)	Gewicht in Abhängigkeit von der Körpergröße
Diagramme für Anteile		**Bemerkungen**	**Beispiel**
	**Kreissektorendiagramm**	Anteile der Grundgesamtheit einer Gruppe	Anteile von Buchen, Birken und Eichen in einem Waldstück
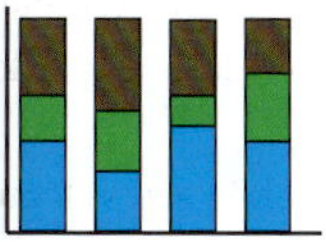	**Stapeldiagramm**	Anteile der Grundgesamtheit mehrerer Gruppen	Anteile von Buchen, Birken und Eichen in vier Waldstücken
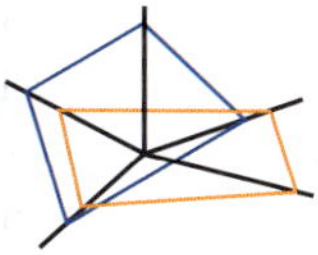	**Mehr-Achsendiagramm**	Anteile von mehreren Aspekten einer Grundgesamtheit in verschiedenen Gruppen	Fünf Aspekte (Amonium-, Nitrat-, Phosphat-, Sauerstoffgehalt, ph-Wert) in zwei verschiedenen Seen

Komplexe Diagrammtypen

Für die Abbildung von Relationen, Flüssen, Klassen und Generationen werden besondere Diagrammtypen verwendet.

Relationen und Flüsse werden in der Ökologie, Ethologie oder Stoffwechselbiologie mit Pfeil- bzw. Flussdiagrammen dargestellt. In Pfeildiagrammen stellen die Pfeile Relationen dar, während sie in Flussdiagrammen Flüsse von Materie, Energie oder Information darstellen. Dementsprechend symbolisieren die Blöcke in Pfeildiagrammen Prozesse oder Gegenstände, in Flussdiagrammen stets nur Gegenstände (Organismen, Organe etc). Die verwendeten Symbole (Pfeile, Kästen, Buchstaben, Wörter) müssen eindeutig festgelegt sein, in einer Legende beschrieben und konsequent in einem Diagramm dasselbe bedeuten.
Mit Pfeilwirkungsdiagrammen können alle Regelungsphänomene des Verhaltens, des Stoff- und Energiewechsels, der ökologischen Beziehungen und des Populationswachstums beschrieben werden. Diese kybernetischen Diagramme zeigen die allgemeinen Strukturen und kausalen Beziehungen in Systemen. Aufgrund der großen Abstraktheit der Pfeilwirkungsdiagramme wird empfohlen, diese frühestens in der achten Klassenstufe einzusetzen.
Da Vorgänge im Organismus dynamisch sind, muss die Angemessenheit der Übertragung technisch-kybernetischer Vorstellungen auf Regulationsvorgänge bei Biosystemen stets überprüft werden.

Klassen. Um die Einordnung von Gegenständen in bestimmte Klassen darzustellen, nutzt man Baumdiagramme (Dendrogramme). Baumdiagramme stellen mögliche entweder/oder-Entscheidungen über die Zuordnung zu Klassen dar. Dies entspricht dem Vorgehen vieler Bestimmungstabellen, die mit Ja/Nein-Entscheidungen arbeiten (dichotomer Schlüssel). Baumdiagramme stellen Ähnlichkeitsanalysen dar und sind keine Stammbäume. Die Reihenfolge der Entscheidungsschritte erfolgt am besten von oben nach unten. Stammbäume enthalten dagegen zusätzliche Hypothesen über den Verlauf der Stammesgeschichte und stets eine Zeitleiste, die meist von unten nach oben verläuft.

Generationen. In der Genetik werden Familien- (Familienstammbäume) und Kreuzungsdiagramme (Erbgangsdiagramme) benutzt. In Familiendiagrammen weisen die Kreise Frauen und die Quadrate Männer aus. Merkmalsträger werden durch ausgefüllte Symbole gekennzeichnet. Die Abstammung wird durch Striche angegeben. Eltern werden durch waagerechte, Eltern und Kinder durch senkrechte Striche verbunden. Geschwister werden durch waagerechte Striche verknüpft, die sich senkrecht verzweigen. Familiendiagramme erlauben Schlüsse auf den Erbgang eines Merkmals. In Kreuzungsdiagrammen wird die Verteilung der Allele bei der Fortpflanzung und damit das statistische Auftreten von Merkmalen im Erbgang simuliert. In Erbgängen sollte man mit Buchstaben das Gen und mit Indizes das Allel kennzeichnen. So wird vermieden, für Merkmale und Gene dieselben Symbole zu verwenden.

Komplexe Diagrammtypen

Diagramme für Relationen		**Bemerkungen**	**Beispiel**
	**Pfeildiagramm**	Pfeilbedeutung: „... wird gefressen von ...“ gleicher Pfeil bedeutet immer dieselbe Relation.	Nahrungskette
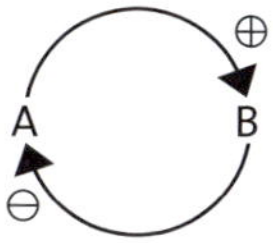	**Pfeilwirkungs-diagramm**	Pfeilbedeutung: Kausalbeziehungen zwischen Größen (⊕ fördernd, ⊖ hemmend): Regelkreis (⊖ und ⊕) Aufschaukelungskreis (beide ⊕), Konkurrenzkreis (beide ⊖);	Räuber-Beute-Beziehung
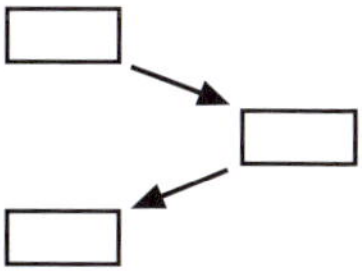	**Abfolge-diagramm**	Pfeilbedeutung: „darauf folgt ...“ Blöcke stehen für Prozesse	Stichlingsbalz
Diagramme für Flüsse		**Bemerkungen**	**Beispiel**
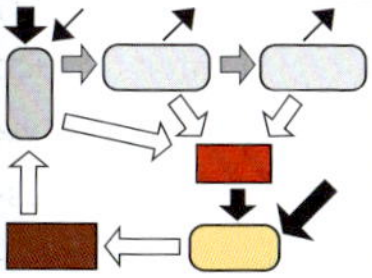	**Fluss-diagramm**	Pfeilbedeutung: Flüsse Materie, Energie, Information. Blöcke stehen für Gegenstände	Ökosystem: abgerundete Blöcke (Organismen), eckiger Kasten (nichtlebender Teil)
Diagramme für Klassen		**Bemerkungen**	**Beispiel**
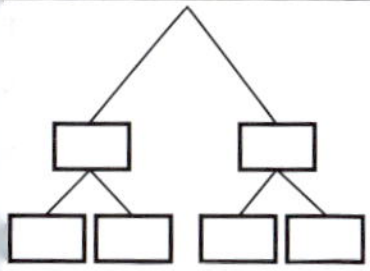	**Baum-diagramm**	binäre Struktur, Entscheidungsschritte sind ablesbar.	Bestimmungstabelle
Diagramme für Generationen		**Bemerkungen**	**Beispiel**
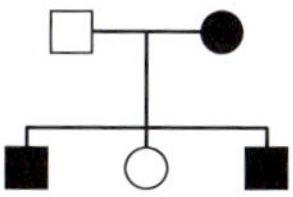	**Familien-diagramm**	○ : weibliche Person; □ : männliche Person; ◇ : unbekanntes Geschlecht; ●, ■, ◆ : Merkmalsträger	X-chromosomale Vererbung der Rot-Grün-Sehschwäche.
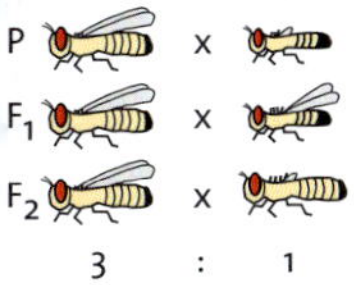	**Kreuzungs-diagramm**	P: Parentalgenration; F_1 bzw. F_2: Filialgeneration X: gekreuzt; 3 : 1: theoretische (statistische) Aufspaltung der Individuen	Drosophila: Kreuzung von Wildtyp-Weibchen mit stummelflügligen Männchen

Arbeit mit Texten

Texte spielen in den Naturwissenschaften eine wichtige Rolle, z. B. für die Dokumentation der wissenschaftlichen Arbeiten, die Diskussion der Ergebnisse (wissenschaftliche Quellentexte) und bei der Vermittlung der wissenschaftlichen Erkenntnisse an eine breitere Öffentlichkeit (Lehrbuchtexte, populärwissenschaftliche Texte).

Bedeutung

Im Biologieunterricht sollen Texte (Versuchsanleitungen, Texte in Schulbüchern und Arbeitsblättern) von den Lernenden verstanden und sachgemäß umgesetzt werden. Die einzig wirklich textfreie Arbeitsweise ist der stumme Impuls, aber auch nur dann, wenn er nicht als Tafelanschrieb, sondern mit einem Gegenstand gegeben wird. Es lohnt sich, auf Textelemente bei anderen Methoden und Medien besonders zu achten: z. B. auf den Kommentar und die Einblendungen bei Ton- bzw. Stummfilmen oder auf die Beschriftung von Folien.

Wissenschaftliche Originaltexte und gute populärwissenschaftliche Texte können vor allem dazu dienen, einen Einblick in wissenschaftliches Arbeiten zu geben, besonders dann, wenn eigenes Beobachten und Experimentieren nur schwer zugänglich sind (z. B. bei Arbeiten mit kompliziertem apparativen Aufwand, Feldbeobachtungen, Ausgrabungen, Forschungsreisen). Texte zur Geschichte der Biologie vermitteln darüber hinaus Erkenntniswege der Biologie.

Anschaulich schildernde literarische Texte oder problemhaltige aktuelle Texte können die Motivation der Lernenden erhöhen. Textarbeit ist zur Auseinandersetzung mit philosophischen, weltanschaulichen und ethischen Fragen unerlässlich, um Positionen und Fälle zu verdeutlichen.

Textanalyse

Die Lernenden sollen – besonders auf einen emotional ansprechenden Text – spontan reagieren können. Zur genaueren Analyse sind Texte jedoch methodisch kontrolliert zu analysieren. Die Schritte der Textanalyse können die Lernenden bei genügender Einübung selbstständig durchführen und variieren. Falls ein Originaltext schwierige Termini enthält, mit denen im Unterricht nicht weitergearbeitet wird, empfiehlt es sich, diese bereits im vervielfältigten Text durch eine Fußnote oder durch eine in eckige Klammern gesetzte Erläuterung zu erklären. Bei Texten, die die persönliche Sichtweise des Autors oder gegensätzliche Gesichtspunkte behandeln, sollte die Textanalyse möglichst zu Diskussionen führen. Die Aufgabe der Lehrperson ist es dann, dafür zu sorgen, dass der Text selbst zum Sprechen kommt. Dies geschieht durch Nachfragen, Verstärken von diesbezüglichen Aussagen der Lernenden und Vermeiden von Kommentaren oder Beurteilungen einzelner Äußerungen oder Textaussagen.

Beispiele für geeignete Texte sind neben Texten in Lehrmitteln populärwissenschaftliche Texte (z. B. zum Verhalten von Tieren), Texte aus dem Alltag (Werbeanzeigen, Beipackzettel, Zeitungsmeldungen) und historische Quellen. An Letzteren sollen Gang der Forschung und Forschungsdiskussionen nachvollzogen werden.

Sieben Schritte der Textarbeit

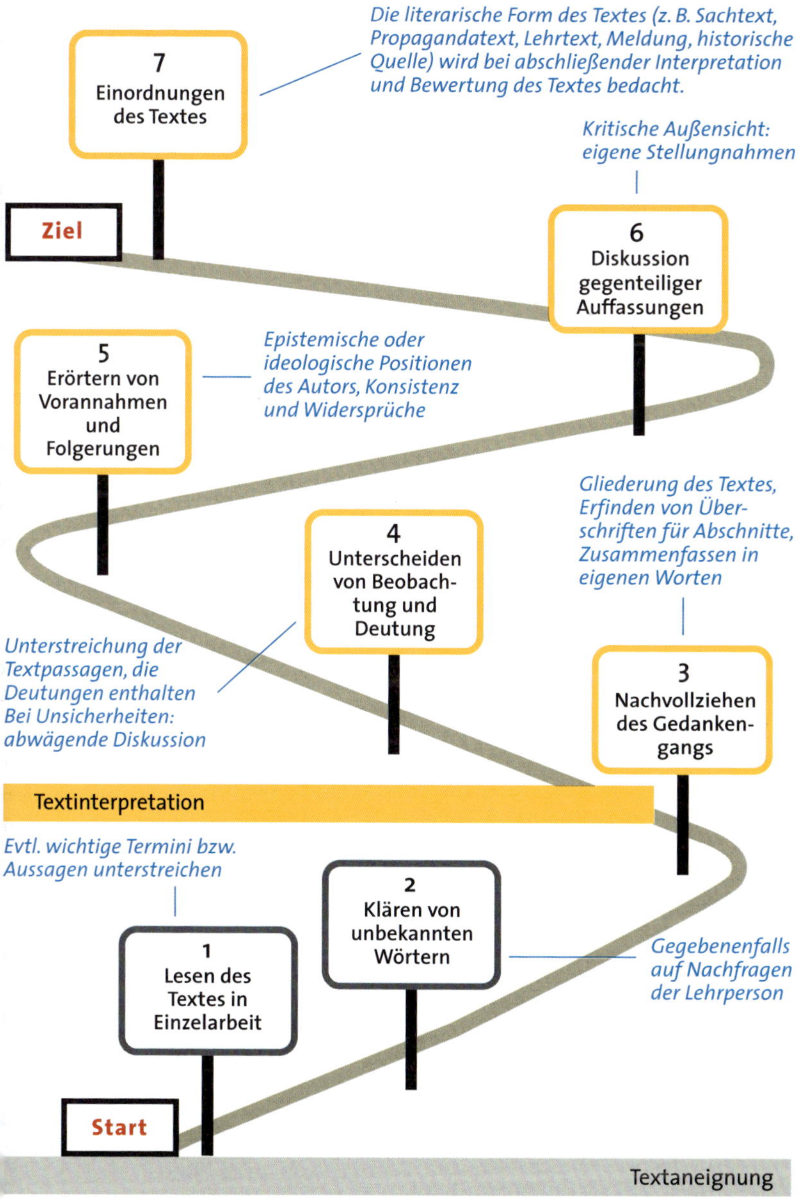

Sprache

Kennzeichnend für den Menschen ist die Wortsprache. Sie hat mehrere Funktionen:
Abgrenzung: Die spezifische Sprache, die ein Wissenschaftler verwendet, grenzt ihn nicht nur gegenüber den Laien, sondern auch gegen Wissenschaftler anderer (nah verwandter) Disziplinen ab.
Einschüchterung: Sprache kann als „Waffe“ gegen den Gesprächspartner verwendet werden. Fachsprache taugt besonders gut zum Imponieren.
Verständigung: Sprachen dienen der Kommunikation zwischen Menschen. Als Verständigungsmittel kann Sprache die nötigen Hinweise geben, um das Gemeinte gegenseitig in gleicher Weise zu verstehen.
Im Unterricht sollte die Verständigung im Vordergrund stehen. Die dem Lernen abträglichen Funktionen sollten vermieden werden. Unterrichtssprache ist auf die fachbezogene Kommunikation der Lernenden mit der Lehrperson angelegt und unterscheidet sich daher sowohl von der Alltagssprache wie auch von der Fachsprache.
Fachsprachen beruhen auf Übereinkünften der Wissenschaftler der jeweiligen Fachgebiete. Ihre spezifische Aufgabe besteht in der Objektivierung. Das Gesagte soll möglichst unabhängig vom Kontext und vom Sprecher – also intersubjektiv – gelten. Fachwörter und Fachaussagen sollen so normiert und formalisiert werden, dass sie für alle möglichen Situationen verwendbar sind (am stärksten abstrahierende Form: Mathematisierung). Alltagssprache verwendet Wörter und Sätze dagegen mehrdeutig. Trotz der angestrebten Eindeutigkeit wurzeln Fachsprachen unvermeidbar in der Alltagssprache, indem aus ihr immer wieder Vorstellungen und Bezeichnungen entnommen und fachlich umgedeutet werden: Fachsprachen weichen von den durch die Alltagssprache geprägten Vorstellungen ab, engen diese theoriebezogen ein, gehen über diese hinaus oder geben ihnen eine völlig neue, vom Alltagsverständnis abgelöste Bedeutung (z. B. ökologische Nische). Dabei gibt es vielfach Abweichungen von der Eindeutigkeit: Beispielsweise wird der Terminus „Nährstoff“ für verschiedene Begriffe in Bezug auf Tiere und Pflanzen verwendet.
Unterrichtssprache hat die Funktion, zwischen dem Soziolekt der Wissenschaftler und der allgemeinen Umgangssprache zu vermitteln. Alltagssprache ist dabei durch Elemente der Fachsprache zu ergänzen, Fachsprache teilweise in Alltagssprache zu übersetzen. Die Bildung einer fachbezogenen Unterrichtssprache ist daher eine fachdidaktische Aufgabe.

Begriffe

Beim Begriffslernen ist klar zwischen drei Bereichen zu unterscheiden: den sprachlichen Ausdrücken (Zeichen), den gedanklichen Konstrukten (Vorstellungen) und den bezeichneten Teilen der Wirklichkeit (Referenten). Die Unterscheidung der Bereiche ist wesentlich für die Interpretation von Erkenntnisprozessen, z. B. die Analyse von Texten. Begriffe gehören zum gedanklichen Bereich. „Begrifflich“ heißt gedanklich. Begriffe werden sprachlich durch Termini (Wörter, Symbole) bezeichnet; ihre Bedeutung wird durch Definitionen oder Umschreibungen vermittelt.

Verständigung durch Sprache

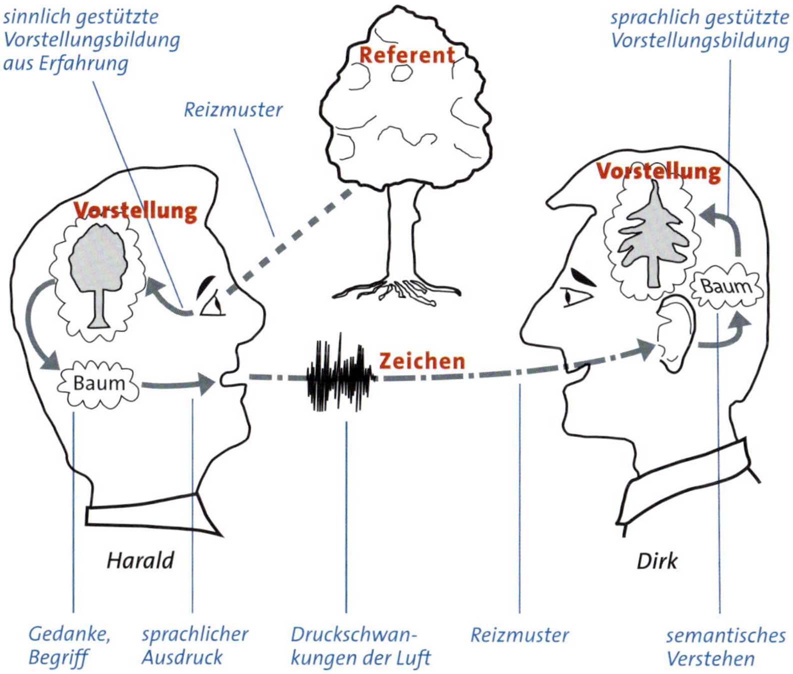

Beziehungen von Sprache zu Gedanken und Gegenständen (Referenten)

Sprachlicher Bereich	Gedanklicher Bereich	Referentieller Bereich
Zeichen	**Vorstellungen**	**Referenten**
Eigenname	Individualbegriff	Individuum (auch: Arten und höhere Taxa)
Terminus (Fach)-Wort	Begriff	Klasse von Dingen oder Ereignissen (auch: Vorstellung oder Zeichen als Gegenstand)
Satz oder Aussage	Konzept	Sachverhalt oder Urteil
Verknüpfung von mindestens zwei Aussagen	Denkfigur	Zusammenhang von Sachverhalten
Komplexes Aussagengefüge	Theorie	Wirklichkeitsbereich

Biologie-Schulbücher

Biologie-Schulbücher haben Lehr-, Lern- oder Arbeitsbuchcharakter. Sie sind an die Anforderungen verschiedener Schulstufen und -typen angepasst und durchlaufen ein staatliches Genehmigungsverfahren, durch das sichergestellt werden soll, dass die Bildungs- und Erziehungsziele der geltenden Richtlinien beachtet werden.

Die fachdidaktischen und pädagogischen Funktionen des Schulbuchs werden in den Nutzungsmöglichkeiten deutlich:

- Lesen und Interpretieren von Texten und Analyse von Abbildungen, Diagrammen oder Tabellen im Klassenunterricht;
- Erarbeitung von Inhalten oder Lösung von Aufgaben während des Unterrichts in verschiedenen Sozialformen;
- Vorbereiten von Referaten, Versuchen oder Demonstrationen durch Einzelne oder Schülergruppen;
- Bearbeiten von Hausaufgaben zur Wiederholung und Festigung erworbener Kenntnisse;
- Nacharbeiten durch Lernende;
- freies Lesen und Betrachten der Bilder;
- Nachschlagewerk für die Lernenden;
- Hilfe für die Lehrperson zur Strukturierung von Unterrichtsinhalten.

Man sollte meinen, dass Schulbücher für Schüler geschrieben werden. Es sind allerdings die Lehrer in der Fachkonferenz, die über den Kauf entscheiden, weshalb manches Schulbuch eher den Ansprüchen der Lehrer als der Schüler gerecht wird.

Beurteilung

Unter den Kriterien zur Beurteilung von Schulbüchern spielt Sachrichtigkeit eine zentrale Rolle, die nicht immer erreicht wird. So werden häufig aktuelle Ergebnisse der Wissenschaft nicht berücksichtigt, Begriffe unzulässig verallgemeinert oder wesentliche Details in Abbildungen vernachlässigt.

Bezüglich der Inhaltsauswahl ist zu prüfen, ob die Inhalte die Motivation der Lernenden fördern, ob die Inhalte geeignet sind, neben Grundeinsichten und Lebenshilfen auch Methodenbewusstsein und -beherrschung zu vermitteln. Bei der Anordnung der Inhalte sollten komplexe Themen durch vorhergehende Kapitel vorbereitet werden, Zusammenhänge zwischen den Teilen des Buches deutlich werden und die Abschnitte innerhalb der einzelnen Kapitel logisch aufeinander aufbauen.

Biologie-Schulbuchtexte enthalten häufig zu viele Fachwörter. Dabei hängt die Lerneffektivität eines Textes vor allem von seiner Gliederung und Gestaltung, der Qualität der Beispiele, der Einfachheit der Definitionen, der Betonung der wichtigsten Begriffe sowie deren Vernetzung ab.

Wichtig ist auch eine adäquate Bild-Text-verschränkung. Bilder und Abbildungen sollen einen hohen Aussagewert haben und die Bildlegenden treffend sein.

Schließlich ist ein Lehrerbegleitbuch ein Gütekriterium für ein Biologie-Schulbuch. Dabei wird erwartet:

- Darlegung der didaktischen Konzeption,
- allgemeine Hinweise zur Benutzung,
- Hilfen zur Durchführung des Unterrichts (z. B. Lösungen gestellter Aufgaben, Kopiervorlagen, Testvorschläge),
- Hinweise zu Medien und Literatur.

Kriterien für die Schulbuchbewertung

Praktikabilität: z. B. Farbverwendung, Doppelseite als Einheit
Gestaltung: z. B. Drucksatz, Schrift, Symbole, Farben, Format, Layout, Umschlag
Gebrauchshilfen: z. B. Verweise, Vorspanntexte, Ankerbegriffe, Merksätze
Verzeichnisse: z. B. Inhaltsverzeichnis, Sachregister, Glossar

Darstellungsqualität
Anordnung: z. B. Text und Bild,
Einzelthemen
Bildlegende
Verschränkung Bild und Text

Aktualität – Fehler – Umfang Forschung – Erkenntniswege – Experimente – Alltagsbezug – Kontroversen
Umgang mit politischem Gehalt:
z. B.: Werden Probleme benannt, eigene Standpunkte dargelegt? Gibt es Hinweise auf alternative Standpunkte? Werden Ideologien kritisch dargestellt?

Differenzierung:
z. B. nach Fähigkeiten, Interessen, methodischen Vorlieben
Bezüge zur Lebenswelt:
z. B. regional, soziokulturell, geschlechtsspezifisch
Planung und Durchführung des Unterrichts:
z. B. Hinweise zu Lehrformen, Sozialformen, Lehrerhandbuch
Förderung von Selbstständigkeit – Motivierung – Lerntechniken – Lernaufgaben – Aufgabenvarianz

Einfachheit
Darstellung: einfach
Sätze: kurz und einfach
Wörter: geläufig
Fachwörter: erklärt und konkret anschaulich
Äußere Gliederung/ innere Ordnung
gegliedert; folgerichtig, nicht zusammenhanglos; übersichtlich; roter Faden sichtbar; alles der Reihe nach
Kürze/Prägnanz
aufs Wesentliche beschränkt; aufs Lehrziel konzentriert
anregende Zusätze
anregend; interessant; abwechslungsreich; persönlich

Computer im Biologieunterricht

Der Computer (Hardware) erfüllt durch seine Programme (Software) in vielfältigen medialen Darstellungen (Text, Bild, Ton) verschiedene Funktionen: Bereitstellen von Lernangeboten, Informationsquelle, Simulation von Prozessen, Werkzeug für Kommunikation, Datenspeicherung, Schreiben, Malen oder Programmieren.

Programmtypen, die direkt der Vermittlung dienen, werden wie folgt unterschieden:

- Lernprogramme als Übungsprogramme im „drill & practice"-Format (individuelles Wiederholen und Memorieren, sofortige Rückmeldung auf Lösungen), als unterhaltsame „Edutainment"-Lernangebote mit Spielelementen und dem Versuch, Lernen mit Spaß zu verbinden, oder tutorielle Umgebungen mit problemorientierten Vorgehensweisen (interaktive Prozesse, alternative Wege).
- Informationsprogramme, meist multimedial, vielfältig verknüpft (vernetzte Hypertext-Struktur), visualisieren biologische Prozesse interaktiv (Datenbanken, Enzyklopädien auf CD/DVD, Internet).
- Simulationsprogramme als Experimentierübungen (gefährliche Experimente sind virtuell durchzuführen), Planspiele (Systeme sind durch mathematische Modelle abgebildet und interaktiv zu beeinflussen) oder Trainingseinheiten (psychomotorische Fertigkeiten sind in symbolischer Form zu üben).

Darüber hinaus gibt es Programme, die der Kommunikation dienen, als Werkzeuge beim Erstellen eigener Dokumente oder beim direkten Erfassen und Berechnen von Daten helfen.

Kritik

Der Einsatz des Computers sollte nicht als Ersatz zum herkömmlichen Unterricht verstanden werden, sondern als Ergänzung der bisherigen Möglichkeiten.

Risiken: Reduktion der Erfahrungsräume, Fortsetzung der Kreide- in der Bildschirmbiologie und damit Entfernung von originaler Begegnung. Förderung eines mechanistischen Weltbildes, unangemessene Mathematisierung der Biologie;

Chancen: motivierende Lernumgebungen, Simulation sonst nicht zugänglicher Prozesse und Strukturen.

Effektivität

Lernende erfreuen sich zwar im Biologieunterricht am Methodenwechsel durch den Computereinsatz, lernen jedoch nicht unbedingt mehr als im Normalunterricht. Nach Studien zur Effektivität ist das Lernen mit dem Computer bei Sonderschülern wirksamer als im Sekundarbereich. Grundsätzlich gilt: Je kürzer der Einsatz, je kleiner die Gruppe und je jünger die Lernenden, desto effektiver ist der Computereinsatz.

Individuellen Kenntnissen und Bedürfnissen der Lernenden kann durch die Arbeit am Computer besser entsprochen werden als im lehrerzentrierten Unterricht. Dies führt allerdings nur begrenzt zu selbstbestimmtem und handlungsorientiertem Lernen, weil das Lernen nur im Rahmen der dem Programm innewohnenden Logik und das Handeln nur virtuell stattfinden können.

Funktion von Programmen

Lernangebot
Tutorielle Umgebung

Lernende erhalten Informationen, eine Frage und mehreren Antwortalternativen. Je nach Antwort werden Hilfen gegeben oder fortgefahren.

Information
Datenbank
Wikipedia

Lehrer formuliert herausfordernde Probleme, gibt nötigenfalls Suchwörter vor. Geeignet bei der Recherche ist das Gruppenpuzzle (Bildung von Expertengruppen).

Simulation
Planspiel

Interaktiver Eingriff, Ausprobieren von Szenarien. Problem: Erlebtes Geschehen kann als Abbild originaler Prozesse missverstanden werden. Daher muss der Modellcharakter deutlich gemacht werden. Übertragungen auf das Original sind entsprechend kritisch zu reflektieren.

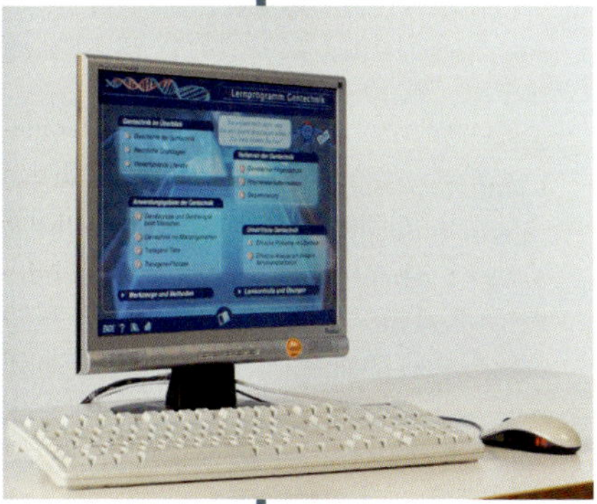

Simulation
Training

Virtuelle Manipulation, z. B. Präparation für anatomische Studien ohne Tötung von Tieren, hat Grenzen: Man übt nur eingeschränkt psychomotorische Fertigkeiten, Sinneseindrücke sind auf den Sehsinn beschränkt.

Monitoring
Vogelzug

weltweiter Austausch von Informationen, z. B. von Daten aus Naturbeobachtungen, Vergleich mit der Situation vor Ort, Anregung zu Naturbeobachtung, Förderung internationaler Projekte.

Werkzeug
Präsentationstechnik

Präsentationen, Text- und Bildbearbeitung sind z. T. zeitaufwändig, fördern jedoch Kreativität und Motivation.

Multimedia-Lernen

Multimedia-Lernen wird meist definiert als das Lernen mit geschriebenen oder gesprochenen Texten und Bildern in computerbasierten Lernumgebungen. Eine Hilfe, um die Eignung verschiedener Programme zu beurteilen, bieten die folgenden Kriterien:

- Kontiguitätsprinzip: Text und Bild sollten in einer räumlichen und zeitlichen Nähe angeboten werden.
- Modalitätsprinzip: Zur (visuellen) Bildinformation sind gesprochene (auditive) Erläuterungen effektiver als zusätzlich geschriebene (visuelle) Informationen.
- Redundanzprinzip: Werden Bildinformation und gesprochene Erklärung angeboten, sollte nicht zusätzlich erläuternder Text dargeboten werden.
- Kohärenzprinzip: Information sollte präzise auf Unerlässliches beschränkt sein, schmückendes Material fehlen und die Aufmerksamkeit mit Hilfen auf die inhaltliche Abfolge gelenkt werden.

Diese Prinzipien sind aus theoretischen Erwägungen und empirischen Befunden abgeleitet. Grundannahme ist die Existenz zweier „Verarbeitungskanäle" für visuell und akustisch präsentierte Informationen, und dass unser Aufnahmesystem nur eine beschränkte Menge an Informationen innerhalb einer Zeiteinheit verarbeiten kann. Dabei müssen Lernende aktiv die visuellen und auditiven Informationen miteinander und auch mit dem Vorwissen in Beziehung setzen, um sie im Langzeitgedächtnis integrieren zu können.

Störungen. Häufig wird der Lernprozess durch die umfangreichen Navigationsmöglichkeiten im digitalen Lernmedium gestört. Wie beim Stöbern im Lexikon kann man sich in Programmen durch Klicken auf Links sehr schnell im Informationsdschungel verlieren. Navigationshilfen und grafische Übersichten sind deshalb Qualitätsmerkmale guter Programme. Hinweise der Lehrkraft auf konkrete Lernwege oder Vorgaben für Protokollnotizen förden den Lernerfolg.

Multimedia-Lernprogramme haben dort ihre Stärken, wo die Vermittlung von Inhalten im Vordergrund steht. Allerdings wird durch die Programme den Lernenden oft suggeriert, lernen sei leicht. Doch ist auch mit diesem Medium das Lernen anstrengend.

Computersimulationen erlauben als dynamische modellhafte Nachbildungen originaler Gegebenheiten Bereiche zu erschließen, die einer unmittelbaren Erfahrung nicht zugänglich sind. Vorteile sind beliebige Wiederholbarkeit, Ungefährlichkeit, keine Beeinträchtigung von Lebewesen, sowie Veranschaulichung komplexer Sachverhalte. Die Arbeit ist nicht so aufwändig wie mit dem Original, nicht so kompliziert, teuer bzw. riskant oder auch nicht aus moralisch-ethischen Gründen ausgeschlossen. Man kann in das System eingreifen, Parameter verändern und in der Folge Auswirkungen des Handelns analysieren. Es sollte darauf geachtet werden, dass die Lernenden nicht ungezielt nach Versuch und Irrtum vorgehen, sondern Hypothesen aufstellen und die Daten kritisch auswerten.

Bewertung von Computerprogrammen

Fachliche Perspektive

- **Fachliche Qualität:** korrekt, aktuell, angemessenes Niveau, weiterführende Literatur?
- **Ziele:** explizit genannt, geht Kompetenzförderung über Fachwissen hinaus?

Medientechnische Perspektive

- **Navigation:** Ergonomie, menügesteuert, Fehleingaben korrigierbar? Abbruchmöglichkeit, Speicher- und Druckfunktion, Sicherheit?

Fachdidaktische Perspektive

- **Rückmeldungen:** bestärkend, prompt, abwechslungsreich?
- **Angaben zur Zielgruppe:** Alter, Ausbildungsstand, Geschlecht
- **Situiertheit:** Vorwissen aktiviert, Vorstellungen beachtet, Realitätsnähe, Anwendungsbezug?
- **Textverständlichkeit:** Einfachheit, Gliederung, Prägnanz
- **Methodische Hinweise:** Sozialform, unterrichtliche Integration und Bearbeitungsgebiete
- **Begleitmaterial:** Gibt es Unterrichtsentwürfe, Arbeitsblätter, Demos?

Mediendidaktische Perspektive

- **Interaktivität:** individuelle Lernwege, selbstgesteuert, Übungen selbst wählbar? Unterstützung durch Hinweise oder Hilfen
- **Motivation:** anschaulich, abwechslungsreich, Emotion angesprochen?
- **Alleinstellung:** Leistet es mehr als ein anderes Medium?
- **Mediale Gestaltung:** Text-Bildverschränkung, akustische und visuelle Effekte, gewohnte Farbsymbolik, Ton regulierbar, Lesbarkeit?

Schulgebäude und Schulgelände

Die für den Biologieunterricht wichtigsten Teile des Schulgebäudes sind Fachräume und Sammlung. Sie sollen in ihrer Anlage und Gestaltung über alle wesentlichen Voraussetzungen verfügen, damit die Bildungsziele des Biologieunterrichts, besonders die Kompetenzen in fachgemäßen Arbeitsweisen, erreicht werden können. Das Schulgelände sollte entsprechend gestaltet und genutzt werden.

Fachräume

Die Durchführung von Beobachtungen und Experimenten hängt wesentlich von der Anlage und Ausstattung der Fachräume ab. Besondere Anforderungen sind:
- Langzeitbeobachtungen von Pflanzen und Tieren dürfen nicht durch gleichzeitige Experimente mit Chemikalien beeinträchtigt werden.
- Man muss Langzeitversuche auf geeigneten Stellflächen (Fensterseiten) aufbauen und stehen lassen können.
- Bewegliche Tische sind gegenüber fest montierten zu bevorzugen, damit Gruppengespräche und eine Gruppierung um Naturobjekte möglich sind.

Sammlung

Die Biologiesammlung stellt Medien für die Hand des Lehrers und Arbeitsmaterialien für die Schüler bereit. Die Sammlungsgegenstände dienen
- der anschaulichen Einführung in ein Unterrichtsthema;
- dem Erwerb von Fertigkeiten bei der Anwendung fachgemäßer Arbeitsweisen wie Beobachten, Experimentieren, Arbeit mit Modellen, Bestimmen;
- dem Üben und Wiederholen, z. B. beim Mikroskopieren oder Ordnen und dem Umgang mit Geräten und Chemikalien, sowie beim Entwerfen experimenteller Anordnungen;
- dem Heranführen der Schüler an das Pflegen von Tieren und Pflanzen;
- der Durchführung von offenem und problemorientiertem Unterricht durch Bereitstellen von Materialien;
- der „Fünf-Minuten-Biologie“ durch raschen Zugriff auf Sammlungsobjekte, die aktuelle Nachrichten oder Beobachtungen veranschaulichen;
- dem Lernen in biologischen Arbeitsgemeinschaften.

Schulgelände

Das Schulgelände ist ein wesentlicher Lebensraum für die Lernenden. Naturräume auf dem Schulgelände bieten Zugang zu lebenden Organismen und sollten auch im Interesse des Biologieunterrichts gestaltet und genutzt werden.
Mit der Arbeit im Schulgarten werden kognitive, affektive und psychomotorische Ziele verbunden. Entsprechend können Lernende wichtige Kompetenzen erwerben. Sie können:
- Verantwortung übernehmen und die Folgen eigenen Tuns abschätzen,
- Ausdauer und Geduld einüben,
- mit anderen zusammen arbeiten,
- Nutz- und Zierpflanzen kultivieren,
- biologische Vielfalt kennen lernen,
- Stoffkreisläufe und biologische Gesetzmäßigkeiten erkennen.

Schule für den Biologieunterricht gestalten

Fachräume
Gesundheitsfördernde (variable) Möblierung und Beleuchtung
Übungsräume mit Experimentiertischen
Fensterbänke für Zimmerpflanzen
Projektionswände, Projektoren
Pinnwände für Poster und Wandzeitungen

Sammlungen
Tierhaltung, z. B. in Aquarien, Terrarien
Medien, besonders Präparate von Naturobjekten, Modelle
Geräte und Hilfsmittel, besonders zum Beobachten und Experimentieren.
Testsätze zur Prüfung der Luft-, Wasser- und Bodenqualität

Schulgebäude

Biologieunterricht
Beobachen
Experimentieren
Pflege von Pflanzen und Tieren

Schulgelände
Lieferung von Materialien
Freilandarbeit

Bepflanzung
Auswahl von Bäumen, Sträuchern und Stauden,
Auswahl von Pflanzen zur Nutzung im Unterricht, keine Giftpflanzen

Biotope
Anlage z. B. von Blumenwiese, Streuobstwiese, Kleingewässer (Teich), Trockenmauer, Totholzhaufen,
Hecken, Kompost

Schulgarten
Anlage und Betreuung von Versuchsbeeten (z. B. Genetik, Sukzessionen)
Lieferbeeten (Nutz- und Zierpflanzen),
Arbeitsgarten

Außerschulische Lernorte

Für den Biologieunterricht bieten sich außerschulische Lernorte als inhaltliche und methodische Ergänzung des Unterrichts in der Schule besonders an. Ihnen ist gemeinsam, dass dort Unterricht in einer informellen Lernumgebung stattfindet, die sich u. a. durch ein Erkundungsangebot, unmittelbare Erfahrungen, Kommunikation mit Experten sowie Authentizität auszeichnet. Die Lernorte sind vielfältig:

- Lebensräume (Wald, Wiese, Gewässer), z. T. als didaktisch gestaltete Naturlehrgebiete (z. B. Lehrpfad, Freilandlabor),
- Natur-Zentren (Naturschutz-, Umweltzentrum, Nationalparkhaus),
- Produktions- und Dienstleistungsbetriebe (Bauernhof, Forstamt, Molkerei, Kläranlage),
- Schülerlabore,
- Science Center,
- biologische Sammlungen (Botanischer Garten, Tierpark, Zoo, Museum)

Außerschulischer Unterricht ist ausgesprochen vielgestaltig. Den Lernenden stehen Objekte, Phänomene und Institutionen zur Verfügung, die die Möglichkeiten des Unterrichts im Klassenraum ergänzen und erweitern. Der außerschulische Unterricht ist nicht an die räumliche und in der Regel auch nicht an die zeitliche Reglementierung des Unterrichts im Klassenraum gebunden und eröffnet daher u.a. bei Tagesexkursionen und Studienfahrten längerfristige, sonst unzugängliche Erfahrungen:

- Bestimmte biologische Phänomene sind nur vor Ort in originaler Begegnung über alle Sinne angemessen zu vermitteln (z. B. Lebensweisen von Tieren und Pflanzen, Lebensgemeinschaften, jahreszeitliche Erscheinungen, Bioindikation).
- Einblicke in biologische Berufsfelder lassen sich vor Ort anschaulich und praktisch erfahren (z. B. in Forstwirtschaft, Landwirtschaft oder Gartenbau).
- Das Ansprechen der affektiven Dimension führt zu intensiven Naturerfahrungen (z. B. Spiele zum Naturerleben).
- Bestimmte biologische Arbeitsweisen (Feldmethoden) sind an die Arbeit im Freiland geknüpft (z. B. formenkundliches Arbeiten, Freilandbeobachtungen und Untersuchungen von Böden, Gewässern und Lebensgemeinschaften, Einrichten und Pflegen von Lehrpfaden).
- Selbstständiges, praktisches Arbeiten kann stärker gefördert werden als im Klassenraum.
- Projektartige Vorhaben lassen sich vielfach nur außerschulisch durchführen (z. B. Gewässeruntersuchung, Biotopgestaltung, Erkundung von Landschaften: Meer, Alpen).
- Soziales Lernen wird gefördert, z. B. durch Auflösung des Klassenverbands in Landheimen, auf Klassenfahrten, in ungeplanten Lernsituationen. Eine lockere Arbeitsatmosphäre vermindert Kommunikationsbarrieren.

Die Effektivität des außerschulischen Unterrichts wird durch eine systematische Planung und die Berücksichtigung der Vorstellungen der Lernenden erhöht. Die Arbeit am Lernort sollte an Bekanntes anknüpfen, d. h. einen mittleren Neuigkeitsgrad haben.

Planung und Durchführung von außerschulischem Unterricht

Auswahl des Lernorts und des Themas

langfristige Vorbereitung

Vorexkursion

Sicherstellen von Transport und Unterkunft

Eigenschaften des Lernorts? Organisatorischer Rahmen: Dauer? Teilnehmeranzahl? Kosten? Arbeitsmöglichkeiten?

kurzfristige Vorbereitung

Jahreszeitliche Bedingungen?

Angemessene Kleidung

- Auswahl der Arbeitsformen am Lernort und der mitzunehmenden Geräte
- Formulieren der Arbeitsaufträge
- Checkliste für die Vorbereitung und die Ausrüstung der Lernenden
- Schriftliches Programm (Arbeitsplan)

Notizheft, Ferngläser, Lupe, Fanggeräte, Sammelgefäße, Bestimmungsbücher

Durchführung am Lernort

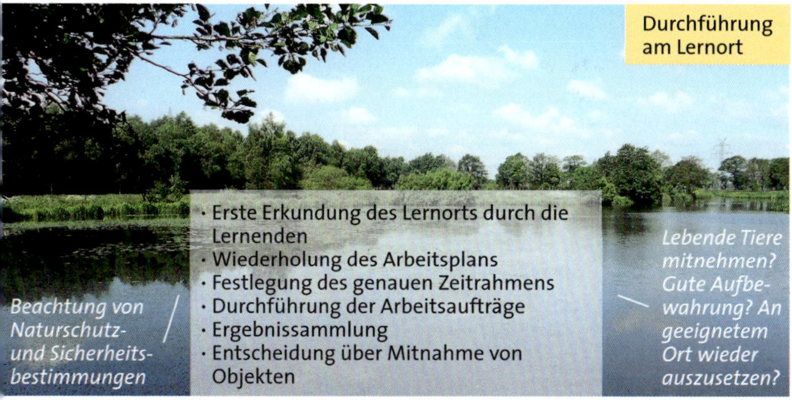

Beachtung von Naturschutz- und Sicherheitsbestimmungen

- Erste Erkundung des Lernorts durch die Lernenden
- Wiederholung des Arbeitsplans
- Festlegung des genauen Zeitrahmens
- Durchführung der Arbeitsaufträge
- Ergebnissammlung
- Entscheidung über Mitnahme von Objekten

Lebende Tiere mitnehmen? Gute Aufbewahrung? An geeignetem Ort wieder auszusetzen?

Auswertung und Vertiefung im Klassenraum

- Untersuchung von mitgenommenen Objekten
- Vorführen von Fotos der Exkursion
- Auswertung von Ergebnissen und Umsetzung in Grafiken, Diagrammen etc.
- Erarbeiten eines Berichts (Protokolls)

Gegebenenfalls Gestalten einer Ausstellung

Tipps für Prüfungen

Der Erfolg eines Studiums wird in Prüfungen festgestellt. Dabei sollen stichprobenartig Kenntnisse und Fähigkeiten des Prüflings diagnostiziert werden. Zur Qualifizierung als Lehrperson gehört es, ein Verständnis der Situation aufzubauen und sich entsprechend professionell vorzubereiten.

Mündliche Prüfungen

Bei dieser Prüfung handelt es sich um eine durch die Prüfungsordnung geregelte asymmetrische Kommunikationssituation. Als Prüfling zeigt man ein Verhalten, das vom Prüfenden beobachtet und bewertet wird.

Schriftliche Prüfungen

Bei der schriftlichen Prüfung (Klausur) muss ein Dokument hergestellt werden, welches vom Prüfenden zu analysieren und zu bewerten ist. Bei jeder Prüfung ist es für den Prüfling notwendig, sich zunächst einen Überblick zu verschaffen: Was steht in der Prüfungsordnung? Wie wird die Prüfung durchgeführt? Was wird inhaltlich verlangt?

Inseln der Kompetenz

Das Thema grenzt den Umfang der Prüfung inhaltlich ein. Deshalb ist es wichtig, jedes Wort genau abzuklopfen. Selbst wenn ein Thema wie „Lebewesen im Biologieunterricht" scheinbar so harmlos daherkommt: Was ist mit Lebewesen gemeint? Es lohnt sich, im Lexikon der Biologie nachzuschauen und sich gründlich und kritisch zu informieren. Manche Fakten muss man einfach nur kennen. Zu vielen anderen Aspekten des Themas sollten persönliche Anknüpfungspunkte oder Beispiele (Statements) gesucht werden. Dazu sind empfohlene Quellen zu studieren und weitere zu erschließen. Die Erwartung „Prüfer fragen und Prüflinge antworten" leitet fehl. Man sollte Ausführungen zur Einführung vorbereiten. Wichtig ist die Übung des Sprechens – vor Kommilitonen und Freunden. Aus der wiederholten Übung erwachsen die Sicherheit und Überzeugung, sich Inseln der Kompetenz erarbeitet zu haben. Jetzt kommt es noch darauf an, Verbindungen zu anderen Wissensgebieten herzustellen und das Thema dabei zu verorten.

Auftreten

Besonders in mündlichen Prüfungen ist der erste Eindruck oft entscheidend. Es ist immer besser so aufzutreten, als wäre man schon das, was man werden möchte: Lehrer(in). Dazu ist auch auf das Äußere zu achten, auf die Kleidung, die Accessoires und die Körperhaltung; das Handy ausschalten. Man sollte den Blickkontakt halten und aufmerksam bleiben. Achtung: Der letzte Eindruck bleibt.

Verhalten in der Prüfung

Die Prüfenden sollte man ausreden lassen, Formulierungen aufgreifen und das eigene Verständnis herantragen. Die Antwort sollte gegliedert sein; erst danach in die Details gehen. Wenn man es überhaupt nicht weiß oder kann, sollte man es sagen. Gute Prüfer helfen dann oder geben Gelegenheit für einen neuen Einstieg. Es ist sinnlos, sich in der Prüfungssituation über etwas zu ärgern, was man nicht konnte oder gar zu resignieren. In einer Prüfung geht es oft darum, die Grenzen der Kompetenz auszuloten.

Fragen, auf die man sich vorbereiten kann

Fühlen Sie sich in der Lage, die Prüfung jetzt durchzuführen?
Warum haben Sie das Thema gewählt?
Was verstehen Sie unter ...?
In welchen größeren Zusammenhängen steht das Thema?
Wie lässt sich ein solches Thema begründen?
Was sagen die Lehrpläne?
Welche Schwierigkeiten (welche Motivation) erwarten Sie auf Seiten der Lernenden?
Bitte erläutern Sie kurz die fachlichen Grundlagen.
Welche methodischen Möglichkeiten der Gestaltung des Unterrichts sehen Sie?
Stellen Sie Ihre unterrichtlichen Erfahrungen zum Thema dar.

Tipps

Überblick verschaffen

- ✓ Die Prüfungsordnung gründlich lesen.
- ✓ Sich eine Vorstellung vom Ablauf der Prüfung verschaffen.
- ✓ Den Prüfer und seine fachlichen Schwerpunkte kennenlernen.
- ✓ Das Thema über die verlangten Inhalte eingrenzen.

Inseln der Kompetenz

- ✓ Jedes Wort des Prüfungsthemas auf Bedeutungen abklopfen.
- ✓ Den größeren Zusammenhang bestimmen, in dem das Thema steht.
- ✓ Empfohlene Quellen studieren und weitere erschließen.
- ✓ Die fachlichen Grundlagen des Themas erarbeiten.
- ✓ Den fachdidaktischen Diskussionsstand zum Thema aufnehmen.
- ✓ Die Lehrpläne nach Hinweisen auf das Thema absuchen.
- ✓ Anschauliche Beispiele zu einzelnen Aspekten des Themas suchen.
- ✓ Mit Partnern üben, über das Thema zu sprechen.
- ✓ 5-Minuten-Ausführungen zur Einführung und zum Überblick üben.

Auftreten

- ✓ Professionell auftreten, so als wäre man bereits eine Lehrperson.
- ✓ Seriöse Kleidung wählen.
- ✓ Aufrechte, aber keine steife Körperhaltung einnehmen.
- ✓ Blickkontakt mit dem Prüfenden aufnehmen und halten.
- ✓ Genügend Zeit für die Anreise zum Prüfungstermin einplanen.
- ✓ Die Prüfenden verbindlich begrüßen und verabschieden.

Verhalten in der Prüfung

- ✓ Prüfende erwarten auf Fragen und Aufforderungen eine Reaktion.
- ✓ Die Formulierung des Prüfenden aufgreifen und interpretieren.
- ✓ Laut denken.
- ✓ Die eigenen Äußerungen erkennbar gliedern und jeweils ausführen.
- ✓ Die Reaktionen des Prüfenden beachten.
- ✓ Sich nicht verunsichern lassen.
- ✓ Als Prüfling muss man nicht alles können – aber sein Können zeigen.
- ✓ Nicht resignieren und eine Prüfung auf jeden Fall durchhalten.
- ✓ Nervosität ist normal und braucht nicht versteckt zu werden.
- ✓ Gegen einen „Blackout“ hilft, ganz neu anzusetzen (oft wurde man durch eine positiv bewertete Antwort auf eine falsche Fährte gelockt).

Zum Weiterlesen

Die Darstellungen von *Biologiedidaktik in Übersichten* basieren auf den Texten der ***Fachdidaktik Biologie.*** In diesem Lehrbuch werden die Sachverhalte ausführlich erörtert und anhand von Literatur belegt. Zudem enthält die Fachdidaktik Biologie noch weitere, hier nicht berücksichtigte Themen. Alles Gründe zum Weiterlesen und -lernen mit:

Gropengießer, H., Harms, U. & Kattmann, U. (Hrsg.). (2013). Fachdidaktik Biologie. Die Biologiedidaktik begründet von Eschenhagen/Kattmann/Rodi. Hallbergmoos.

Weitere Biologiedidaktiken

Zur Ergänzung können weitere Lehrbücher der Biologiedidaktik herangezogen werden: Berck, K.-H. (2010). Biologiedidaktik. Wiebelsheim. | Graf, E. (2012). Biologiedidaktik. Donauwörth. | Killermann, W., Hiering, P. & Starosta, B. (2013). Biologieunterricht heute. Donauwörth. | Spörhase-Eichmann, U. & Ruppert, W. (2012). Biologie-Didaktik. Berlin. | Staeck, L. (2013). Biologieunterricht Konkret. Baltmannsweiler.

Periodika Biologiedidaktik

Aktuelle Forschungsergebnisse zur Biologiedidaktik finden sich in Fachzeitschriften, z. B.: Zeitschrift für Didaktik der Naturwissenschaften (ZfDN, Jahrgänge 1–19 (1995–2013) frei im Netz www.ipn.uni-kiel.de/zfdn/), Journal of Research in Science Teaching (JRST), Science Education (Sci Ed), International Journal of Science Education.

Daneben gibt es wissenschaftliche Buchreihen, z. B.: IPN-Bücher (Leibniz-Institut für die Pädagogik der Naturwissenschaften und Mathematik) Beiträge zur Didaktischen Rekonstruktion (BzDR).

Publikationen für den Biologieunterricht

Biologiedidaktische Kompetenzen betreffen neben der theoretischen Fundierung auch die unterrichtspraktische Umsetzung. Fachdidaktische Konzeptionen und Unterrichtssequenzen werden in Zeitschriften veröffentlicht, die sich an Lehrkräfte verschiedener Schulstufen und Schularten wenden, z. B.: Praxis der Naturwissenschaften-Biologie (PdN-B) Unterricht Biologie (UB) Der mathematische und naturwissenschaftliche Unterricht (MNU) The American Biology Teacher (ABT) Journal of Biological Education (JBE).

Lexika

Kattman, U. (2015). Schüler besser verstehen. Alltagsvorstellungen im Biologieunterricht. Hallbergmoos.

Bibliografien und Literatur-Datenbanken

Spezielle Bibliografien und Datenbanken erleichtern die Literaturrecherche, z. B.:
Duit, R. (2009). Bibliography – STCSE. Students' and Teachers' Conceptions and Science Education, FIS Deutscher Bildungsserver, Google Scholar, SearchERIC.

Tipps zum Lernen mit Texten

Tipps zum Lernen mit Texten

Ansätze zur Suche nach geeigneten Texten	• Zielklarheit: Was genau suche ich? Was ist der Gegenstand des gesuchten Textes? • Welche Mittel (z. B. Bibliografien) stehen für die Textsuche zur Verfügung? • Überblick gewinnen: Wie gliedere ich sachlogisch das Gesamtgebiet Lehren und Lernen der Biologie?
Ansätze zum Kennenlernen von Texten	• Fragen stellen: An wen richtet sich der Text? Was erwarte ich von dem Text? Was weiß ich schon zu diesem Thema? • Überfliegen: rasch den Text zunächst diagonal durchlesen, um eine erste Orientierung zu gewinnen.
Ansätze zur inhaltlichen Erarbeitung von Texten	• Auswählen: Was aus dem Text passt zu meinem Thema? Eventuell entsprechende Kapitel oder Abschnitte auswählen. • Bei eigenen Büchern oder Kopien: Lesespuren hinterlassen: „mit dem Bleistift und Marker lesen“; unbekannte Wörter markieren; Bedeutung klären und dranschreiben; unklare Sätze mit Fragezeichen kennzeichnen; wichtige Aussagen unterstreichen. • Bedeutungen klären: Die mit Fragezeichen markierten unklaren Sätze erneut lesen und die vermutete Bedeutung in eigenen Worten formulieren. • Relevanz feststellen: zentrale Fachwörter markieren. • Strukturen erkennen: die Fachbegriffe miteinander in Beziehungen setzen. Wenn nötig, ein Netz von Begriffen (Knoten) mit ihren Beziehungen (Fäden) aufzeichnen. • Zusammenfassen: in wenigen, einfachen Sätzen die Kernaussage des Textes formulieren.
Ansätze zur Aneignung und Wiedergabe	• Bewerten: Wurden meine Erwartungen an den Text erfüllt? Erweitert und ergänzt der Text mein Vorwissen oder gibt es Widersprüche? • Nutzbar machen: In welchen Situationen können die neuen Erkenntnisse nützlich sein? • Wissen herantragen: Welche passenden (eigenen) Beispiele kenne ich? • Verorten: In welche größeren Zusammenhänge lässt sich das Thema stellen?

Stichwortverzeichnis

Stichwortverzeichnis

Stichwortverzeichnis

Die Autoren

Harald Gropengießer
Prof. Dr. rer. nat., Biologiedidaktiker im Institut für Didaktik der Naturwissenschaften (IDN), Naturwissenschaftliche Fakultät der Leibniz Universität Hannover
www.biodidaktik.uni-hannover.de/gropengiesser

Geboren am 27.2.1950 in Pöhlde, verheiratet, drei Kinder. Als Bauingenieur von 1972 bis 1975 Entwicklungshelfer beim Deutschen Entwicklungsdienst (DED), Lehrer an der Moshi Technical School, Tanzania. Studium an der Universität Bremen, dann zehn Jahre Gymnasiallehrer für Biologie und Chemie in Bremen. 1991 bis 1999 Wissenschaftlicher Mitarbeiter an der Carl von Ossietzky Universität Oldenburg. Biologiedidaktische Promotion 1997: „Didaktische Rekonstruktion des Sehens". 1999 bis 2001 Vertretung der Professur Didaktik der Biologie an der Johann Wolfgang Goethe-Universität Frankfurt am Main. 2000 Habilitation in Didaktik der Biologie (Carl von Ossietzky Universität Olden-burg) mit der Habilitationsschrift: „Lebenswelten – Denkwelten – Sprechwelten. Wie man Vorstellungen der Lerner verstehen kann". Ab 2001 Professor für Biologiedidaktik an der Leibniz Universität Hannover, seit 2018 im Ruhestand.

Zahlreiche Veröffentlichungen zur Praxis des Biologieunterrichts und zur Fachdidaktik, darunter das Oberstufen-Schulbuch „Natura" (zusammen mit Koautoren) und Herausgeber des Lehrbuchs „Fachdidaktik Biologie" (zusammen mit Ute Harms und Ulrich Kattmann).

Ulrich Kattmann
Prof. Dr. rer. nat., Biologiedidaktiker am Institut für Biologie und Umweltwissenschaften der Carl von Ossietzky Universität Oldenburg
staff.uni-oldenburg.de/ulrich.kattmann/

Geboren am 9.4.1941 in Braunschweig, verheiratet, 2 Söhne, 9 Enkelkinder. Studium der Biologie, Chemie und evangelischen Theologie für das Lehramt an Gymnasien (Göttingen und Tübingen). Lehrer in Hannover. Danach wissenschaftlicher Mitarbeiter am Institut für die Pädagogik der Naturwissenschaften, Kiel. Studium der Pädagogik und Anthropologie. Biologiedidaktische Promotion 1977: „Bezugspunkt Mensch. Grundlegung eines humanzentrierten Biologieunterrichts". Seit 1982 an der Universität Oldenburg Professor für Biologiedidaktik mit dem Schwerpunkt Humanbiologie. 1994–2004 Leiter der Arbeitsgruppe Didaktik der Biologie. 2000–2004 Direktor des Didaktischen Zentrums der Universität Oldenburg,

2001 Initiator und bis 2004 Sprecher der Graduate School „Fachdidaktische Lehr- und Lernforschung – Didaktische Rekonstruktion“. Seit 2004 im Ruhestand. Seit 2001 Gastprofessor der Universität Wien.

Zahlreiche Veröffentlichungen zur Praxis des Biologieunterrichts und zur Fachdidaktik, darunter: Herausgabe des Biologie-Schulbuchs „Kennzeichen des Lebendigen“ (zusammen mit Wolfgang Palm und Ferdinand Rüther), Herausgabe des Lehrbuchs „Fachdidaktik Biologie“ (zuletzt zusammen mit Harald Gropengießer und Ute Harms), Autor vom Lexikon zu den Alltagsvorstellungen im Biologieunterricht und vom „Handbuch des Biologieunterrichts Sekundarbereich I“ (zusammen mit Dieter Eschenhagen und Dieter Rodi), Herausgeber der Reihe „Neue Wege in die Biologie“ (Friedrich Verlag). Mitherausgeber der Zeitschrift „Unterricht Biologie“ (1977 bis 2009).

Dirk Krüger
Prof. Dr. rer. nat., Biologiedidaktiker im Institut für Biologie an der Freien Universität Berlin
www.bcp.fu-berlin.de/biologie/arbeitsgruppen/didaktik/mitarbeitende/krueger

Geboren am 10.1.1960 in Berlin, verheiratet, zwei Töchter. 1. Staatsexamen für das Lehramt an Gymnasien in den Fächern Mathematik und Biologie an der Universität Hannover, nach dem 2. Staatsexamen fünf Jahre Gymnasiallehrer für Biologie und Mathematik in Hannover. 1996 Promotion in der Angewandten Genetik, 1997–2003 wissenschaftlicher Assistent in der Abteilung Biologie im Institut für Didaktik der Naturwissenschaften an der Universität Hannover. Seit 2003 Professur für Didaktik der Biologie an der Freien Universität Berlin, Leiter der Abteilung Didaktik der Biologie.

Veröffentlichungen zur Praxis des Biologieunterrichts und zur Fachdidaktik, darunter die Herausgabe von Methoden und Theorien in der naturwissenschaftsdidaktischen Forschung (zusammen mit Ilka Parchmann und Horst Schecker). Mitherausgeber der Buchreihe „Erkenntnisweg Biologiedidaktik“ (seit 2003).